鸣哇！

原来你是这样的动物

动物拯救计划

[日] 沼笠航 著　冯利敏 译

南海出版公司
2024 · 海口

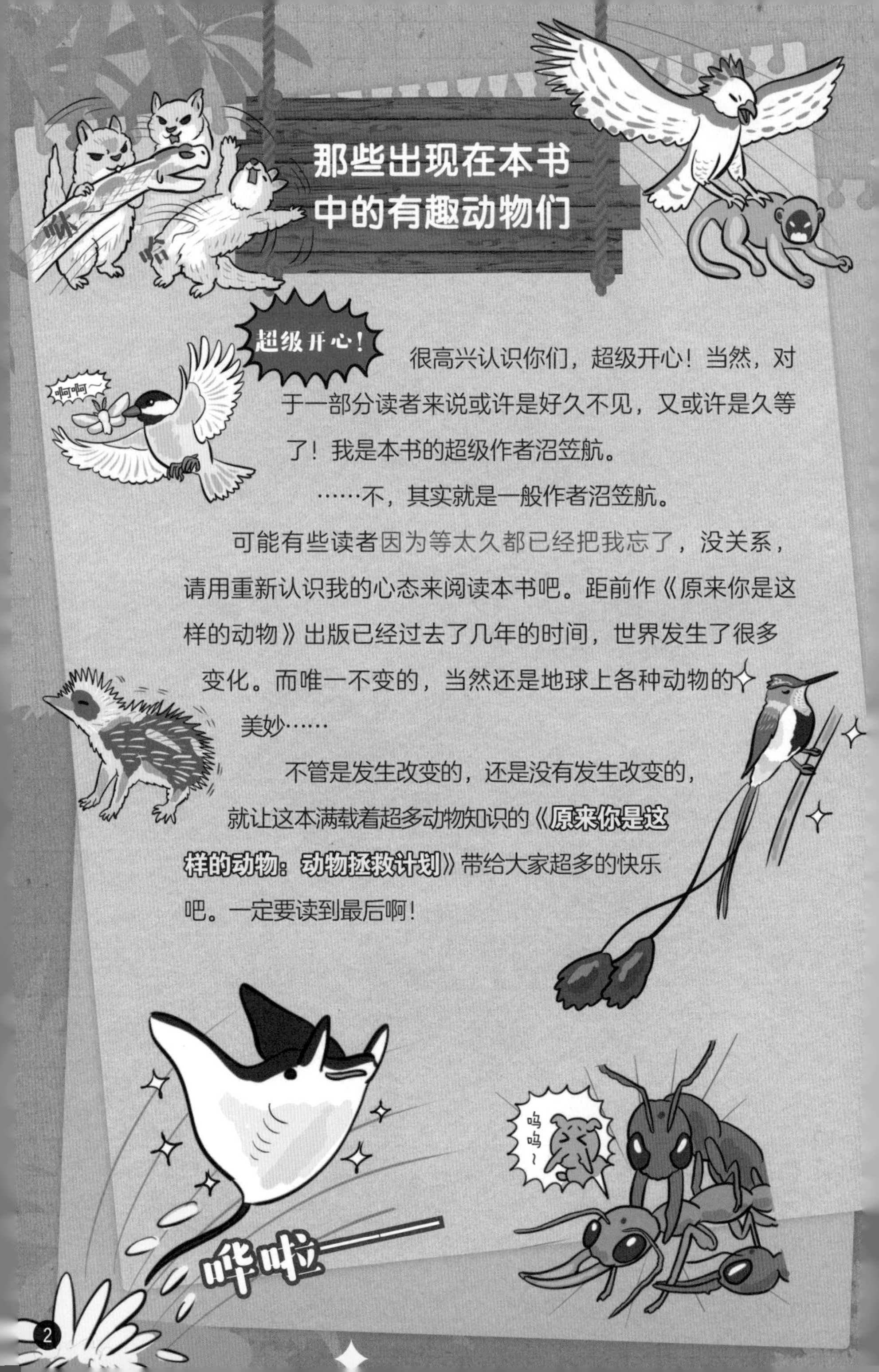

那些出现在本书中的有趣动物们

很高兴认识你们，超级开心！当然，对于一部分读者来说或许是好久不见，又或许是久等了！我是本书的超级作者沼笠航。

……不，其实就是一般作者沼笠航。

可能有些读者因为等太久都已经把我忘了，没关系，请用重新认识我的心态来阅读本书吧。距前作《原来你是这样的动物》出版已经过去了几年的时间，世界发生了很多变化。而唯一不变的，当然还是地球上各种动物的美妙……

不管是发生改变的，还是没有发生改变的，就让这本满载着超多动物知识的**《原来你是这样的动物：动物拯救计划》**带给大家超多的快乐吧。一定要读到最后啊！

神田川 小露

活力十足的动物短视频博主。她有一个超级大的梦想，那就是不停发表超级厉害的视频，最后成为世界排名第一的人气博主！

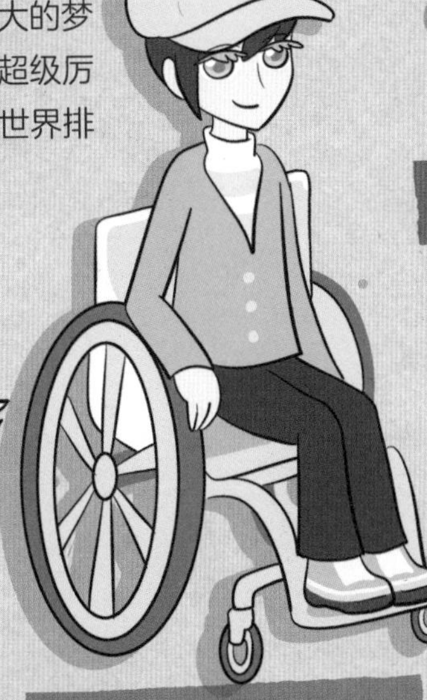

考拉精灵

外形酷似考拉（树袋熊）的神秘精灵。

鸭桥 小蕨

超级狂热的动物迷，是冒失鬼小露的好搭档。虽然天生腿脚不便，却依靠轮椅无拘无束地行动。

和这三个人开启一场有趣的世界之旅吧！

快来和这三个人（或许是两个人和一个……精灵）开启一场有趣的世界之旅吧！

此外，这本书是有完整故事线的。让我们看看性格截然不同的两个人（但却是好朋友）和一个神秘的精灵，是如何完成这场环球大冒险的！图鉴部分也千万不要错过！

友情提示：漫画的阅读顺序为从左上角至右下角。

什……什么?!
什……什么?!
嗷呜呜呜呜
为什么会这样……

几分钟前……
小薇，快看那里！
是考拉，考拉！
哇，
真的！
动物园
考拉广场
哈哈，好多
考拉呀！
它们正在吃桉树叶呢，
太可爱了！
也不枉我们辗转换
乘几次地铁来到这
里，虽说中间很
折腾……

吃东西的样子真是惹人怜爱呀……
嚼
嚼
啊
哇
就这个我能看两个小时。
你可真是个动物迷呀，小薇。
言归正传，赶紧让我们开始今天的直播吧！
现在？
天才动物短视频博主可没有那么多时间一直看考拉吃东西！
欢迎收看“超级网络红人”小露和“超了不起的动物专家”小薇的“有趣动物频道”！
让小狗帮忙寻找丢失的手机
没有了不起啦。
探秘猫咪的一天
乌鸦等级速查
我要变得更红，我要变成人气博主！
然后我们会在将来的某一天来一场环球旅行，
去看各种各样的动物！
这是我们的约定，对吧，小薇？
感觉你这个如意算盘打得有点早了……
狸猫？
好啦，小露，我会适当期待一下的。

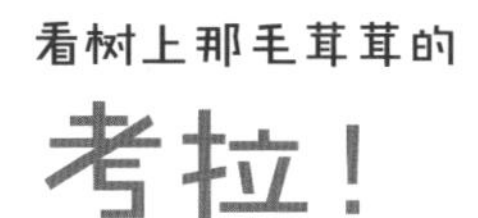

好的！那么小露和小蔽的“有趣动物频道”现在开始！

今天是从动物园为大家带来的直播。

生活在澳大利亚的有袋类动物！

嗅觉十分灵敏，可以很好地辨认它的食物——桉树叶。

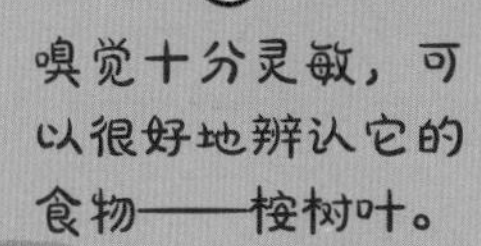

仔细看它的眼睛，是不是有点吓人？

爪子很锋利！

腹部的袋子是用来育儿的。

在攀爬树木时可以牢牢地抓住树枝。

九条评论

- 开始啦～
- 是考拉呀，好激动！
- 也太可爱了吧！！
- 小露情绪不错～
- 哇，是动物园呀。以前经常去。
- 小考拉过于可爱，受不了了。
- 小蔽老师，我是你的粉丝！
- 有点喜欢考拉的眼睛。
- 可以听到它的叫声吗？

说到考拉最擅长的技能，那就是……
没错！考拉最擅长的是在空中飞翔……
在空中……
飞翔……
啊，这是什么?!
咚
咚
咚
咚
咚
考……考拉？
我乃考拉精灵。
砰
我是一个“审判精灵”，专为审判人类而来。

说话了……
考拉精灵？
什么，从屏幕里居然看不见……
八十五条评论
怎么啦~
快给我们看考拉~
网络卡了吗？
小~露~
想看考拉宝宝
发生什么事了？
考拉考拉……
正在播放……
好像只有咱们两个人能看见……
真的非常抱歉……
今天的直播到此为止！
请大家不要忘记“点赞”和“关注”。
喂，你是谁？！或者说……你是什么？！“审判人类”又是怎么回事？你这个奇怪的长翅膀的考拉！
摸着良心问问自己吧，人类！
啊呀呀~
你们这些人类，已经在地球上为所欲为太久了。
你们不断破坏环境、偷猎盗猎……因为人类，很多动物都走上了灭绝之路。
所以，在人类把动物赶尽杀绝之前，我们决定审判人类！
啊?!

决定？是谁决定，怎么决定的啊！
是全世界的动物们通过非常民主的方式决定的！
投票箱
精灵以除人类外地球上其他动物为对象，召开了“人类审判投票大会”。
实话实说
人类应该被审判吗？
弃权
不予审判
审判
90%
狗
怎么会……
在投票中，“审判”以绝对优势胜出。
所以，对于人类的审判由此开始！
有罪
判决书
人类的罪名是“轻视其他动物”！
哪有轻视啊……人类是十分爱护动物的！
刚才直播考拉的时候，观众有那么多，而且大家都在称赞考拉可爱呢！
可爱？这种话根本无法证明人类对动物的爱。
没有理解，何以谈爱！
试问，世界上有几个人能理解考拉的痛苦呢？
……！
考拉的痛苦？你在说什么呢？
是说澳大利亚森林火灾吧……

没错，考拉的痛苦之源就是……

恐怖的澳大利亚森林火灾

自2019年夏天开始，持续了大约半年之久的澳大利亚森林火灾，烧毁森林24万平方千米，面积约为日本国土面积的五分之三。

澳大利亚

悉尼

墨尔本

数万只考拉在火灾中丧生！

考拉栖息的桉树在火灾中剧烈燃烧，很多考拉根本来不及逃跑。

受害的不只考拉。在火灾中伤亡或失去栖身之所的动物总数多达几十亿只。

几十亿只……

目前已知的是，全球气候变暖是由人类活动引发的。与人类生活息息相关的交通工具、工厂、发电厂等都会排出大量的温室气体，例如二氧化碳（CO_2）等。

温室气体在地球上不断增多，导致本应散逸到宇宙中的热量积聚在地球表面，最终导致气候发生剧烈变化，这就是全球气候变暖。全球气候变暖已经给地球上的自然环境和动物带来了十分严重的影响……

全球气候变暖会引发各种各样的自然灾害，森林火灾就是其中之一。受气候变暖的影响，澳大利亚遭遇了史无前例的高温和干旱。

干燥的地面持续升温，使森林变得更加易燃……可以说全球气候变暖是森林火灾的元凶！

也就是说，森林火灾伤害了考拉，而人类则一手制造了森林火灾！

没想到考拉竟然经受了这么大的痛苦……
其实森林火灾只是冰山一角……
很多动物都因人类的活动而陷入绝境，这是一个不争的事实……
可是……因为这个就要审判人类，这谁能接受啊?!
这又不是我们年轻人的错。
抗议
但是对于动物来说根本没什么两样……
你说的审判人类，具体会发生什么事情呢？
这个嘛……
届时动物和人类之间将会爆发最后的战争，名曰“动物审判日”!!
从现在算起的一年之后，世界上所有的动物都会变得巨大无比。然后变大的动物会横扫地球……
动物审判日？真是莫名其妙……
啊哈
什么？真是好有趣……不，好可怕的战争呀。
这可不是在演电影！
……
真是不见棺材不落泪……现在就用我的力量来给你们看一下未来吧。
恶狠狠
给我牢牢地刻在脑子里吧，可恶的人类！

这个就是……
嗷
嗷
嗷
呜
呜
呜
动物审判日！
吧嗒
哈—

幻影解除。
这下你们相信了吧？
这……这是什么啊……
如果真的爆发这场战争的话……
动物们可别被人类打伤啊……
你的关注点居然在这里?!
我们会助动物一臂之力的，获胜易如反掌。
那就没问题了……
问题大——了！
战争马上就要爆发了呀！
这个嘛……也是人类咎由自取……
说得太对了。
什么？和人类一伙的只有我一个人吗？
等一下！你刚才说动物审判日要在一年后才会发生，对吧？
也就是说，刚才我们所看到的是……
啊
难道说……
现在是有机会阻止动物审判日发生的，对吗？
……
的确。我们精灵尤其看重“公平”二字，
所以给人类保留了一线生机，但机会只有一次。
前提是人类要通过考验。
而你们，就是这次被选中完成考验的人！
如果能够通过考验，那么动物审判日就暂时不会到来……
太好了！所以是什么考验呢?!
那就是……

让你们的“有趣动物频道”的总播放量达到一亿次！
100,000,000
期限是动物审判日开始前的一年！
这就是要给你们的考验！
一……一亿次?!
这会不会太难了……
你又不是明星。
为了证明人类对动物的爱与理解，就必须付出巨大的努力。
如果办不到，那只能证明人类注定无法逃脱审判……
不……
明白啦，交给我们吧！
凭我俩的实力，一亿次播放量简直就是手到擒来！对吧，小蕨？
我就知道小露会这么说。
反正我觉得也不可能成功……
最坏的情况也不过就是终极之战呗。
不能更坏了好吗?!
总而言之，
就让小露和小蕨的“有趣动物频道”来拯救人类吧！
对了，考拉精灵啊……可不可以让我靠得更近一点，好好地观察一下你或者干脆让我摸一下……
你对这个生物（应该是吧？）也太感兴趣了！
小蕨！这个时候就克制一下动物迷的本能吧!!
哇
哈
这个人类是怎么回事……

目录

小蕨想了解的动物名单

第1章 活力满满的陆生动物

我来看一看!!

与天敌共同生活?!

兔耳袋狸

有的动物居然可以组织语言!

狮子与鬣狗的关系到底如何?

第2章 聪明机智的森林动物

我来找一找!!

世界上最凶猛的鸟?!

会隐身的壁虎!

狼其实很喜欢玩游戏!

第3章 神秘莫测的海洋动物

我来查一查!!

给贪婪之人的特别讲堂

鳗鱼生存状况Q&A

居然有彩色的前口蝠鲼?!

地球已被猫占领?!

第4章

我来想一想!!

动物和人类的联系与未来

本书的阅读方法

翻页有惊喜！

书中会对动物的基本信息以及相关话题、新闻进行介绍。

翻开一页后，背面会有对动物更加详细的说明，没准儿你还能看到一些非常不可思议的内容！

Zootube 动物园视频

短尾矮袋鼠

震惊！ 快乐的微笑

永远面带笑容

但隐藏在它笑容背后的却是……

笑容满面、蹦蹦跳跳的小型袋鼠

一种澳大利亚特有的小型袋鼠。与考拉一样同属有袋类动物，会利用腹部的育儿袋养育幼崽。以草、植物根茎等为食，性情温和不怕人，有很多游客会特意来和它们合影。

大小 40厘米~50厘米

因拥有甜美的笑容，被称为"世界上最快乐的动物"！

开心

微笑

然而，现实中可能并没有那么"happy（开心）"……

分类 哺乳纲·袋鼠科　食物 植物　栖息地 澳大利亚

31

笑容的背后

短尾矮袋鼠

会像袋鼠一样蹦蹦跳跳。

跳~

大多生活在澳大利亚的罗特尼斯岛。

腹部的袋子用来养育幼崽。

罗特尼斯意为"老鼠的巢穴"。

老鼠?!

不是。

那是因为荷兰冒险家在首次登上罗特尼斯岛时，把短尾矮袋鼠当成了老鼠。

每年都有五十多万名游客到访罗特尼斯岛。短尾矮袋鼠并不惧怕人类，还会主动凑到人类身边。不过，请勿触摸短尾矮袋鼠。

在这惹人怜爱的"笑容"背后，矮袋鼠正面临着十分严酷的生存考验。

受捕猎、栖息地被破坏、狐狸等外来物种入侵以及气候剧变造成的火灾和干旱等影响，短尾矮袋鼠的数量大幅减少！

地球上现存的野生短尾矮袋鼠仅有1.4万只。我们一定不能让"世界上最快乐的动物"的笑容在地球上消失……

32

这里会介绍动物的基本信息。

大小

该种动物的大小，并与身边的常见事物作比较，便于理解。

该种动物在动物分类学中所属的类别。

该种动物的主要食物。

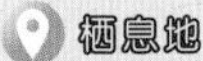

该种动物的主要生活区域。

第 1 章

活力满满的陆生动物

虽说要拯救人类……
但要达到一亿次的播放量，难度还是相当大的……
视频必须能够加深人们对动物的爱与理解，而且还得足够吸引人……
在世界各地做动物直播怎么样？
可是，怎样才能实现呢？
考拉精灵，快帮忙！
怎么可能帮你！
脸皮真是厚呀……
不过……你们不是最看重公平吗？
嗯……
你看，与其他人相比，我行动不便……
为了让这场考验更加公平，你是不是可以给我们提供一些必要的支持？
哼，人类可真是会耍小聪明。
好吧，
你们的交通工具由我来准备。
变！
考拉精灵尊享速递！
砰
尊享速递
这不就是个纸箱子吗？
这可是精灵的力量！它可以把任何物品瞬间传送到任何地方。
太没礼貌了！
喂，我们不是物品。
轮椅也可以运吗？
只用一个箱子就能想去哪儿就去哪儿，也太难以置信了……
就是说～
那我可以这样说吗？“请把我送到澳大利亚！”

澳大利亚
悉尼
这也算是物尽其用吧……
哼哼～
不过，如果把它给不懂动物知识的人用，那简直就是“牛嚼牡丹”……不对，是“人嚼牡丹”呀。
考、考拉精灵啊，这个“尊享速递”……
可以去更加具体的位置吗？
例如……
塔斯马尼亚州拉特罗布镇的沃拉维国立公园。
哇，好壮观的大自然啊！可为什么要来这里呢？
鸭……
鸭……
鸭子？
是鸭嘴兽!!

生活在陆地上的动物们
正活力满满地在大地上游走!!

广袤无垠的陆地是一个弱肉强食的世界，想要在草原上、河流中、沙漠里生存下去，就需要具备庞大的身躯、敏捷的速度、强大的力量或威猛的气势等。为了生存，动物们必须拼尽全力。并且，开阔的大地更容易受到气候的影响。即便如此，动物们依然不屈不挠地与大地共存。现在就让我们来认识一下它们吧！

怎样才能躲过猫的追捕呢？

由于警惕性较低，易被天敌捕捉，兔耳袋狸的数量逐年减少。为了解决这个问题，人们想出一个办法……

外表美丽的蛇鹫实际上……

蛇鹫是一种十分美丽的鸟，红色的眼周皮肤和头顶的羽毛独具特色。它们的生存绝技是……

蛇与松鼠在斗争中进化……

在某片沙漠里，蛇与松鼠在长期的斗争中成就了彼此的进化。那么它们的斗争史和进化史究竟是怎样的呢？精彩不容错过！

与许多动物都有相似之处的神奇哺乳动物

鸭嘴兽是一种外形十分奇特的动物，它具有鸭子一般的嘴和脚掌；身体满布浓密的短毛，如同水獭；扁平的尾巴形似河狸。野生鸭嘴兽只生活在澳大利亚，以水边的小动物为食。

说起鸭嘴兽的奇妙之处，第一个就是，虽然是哺乳动物，但繁殖后代却是下蛋。

一般一次会产出1～2枚卵。

经过10天左右的孵化，幼崽诞生。刚出生的小鸭嘴兽体长约2厘米。

大小 40厘米～60厘米

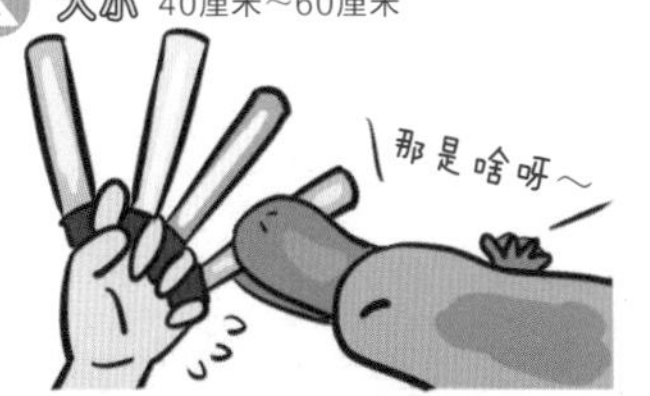

妈妈需要用乳汁喂养并照看幼崽3～4个月。不过，鸭嘴兽的奇妙之处不仅如此……

分类 哺乳纲・鸭嘴兽科　**食物** 昆虫、甲壳类动物　**栖息地** 澳大利亚

不可思议之光

鸭嘴兽

澳大利亚最具代表性的神奇动物！

皮毛

防水、保温性能好！

眼 耳 鼻

在水中会全部关闭。视觉、听觉、嗅觉都不怎么灵敏，但是……

那样能看得见吗？

喙

虽然看起来像鸟喙，但却如同橡胶般柔软，并不像鸟喙那般坚硬。可以感知猎物发出的微弱电流。

前肢

有着宽大的脚蹼。在陆地上行走时，脚蹼可以折叠起来起缓冲作用。

鸭嘴兽的神秘光芒

鸭嘴兽充满了奇特之处，而近年来，研究人员发现了它们的又一奇妙特征：

它居然可以发光！

如果在黑暗中用紫外线灯照射鸭嘴兽，它的皮毛就可以发出蓝绿色的荧光。

尾巴

在游泳时可以起到舵的作用，还可以储存脂肪，在猎物不足时为身体提供能量。

全身40%的脂肪都在尾巴里。

骨瘦如柴

我吧……
可怜可怜

尾巴是判断鸭嘴兽是否健康的标志之一……

孔

鸭嘴兽属于单孔目动物，即粪便、尿液、卵均由同一个且唯一一个通道排出。

鸭嘴兽的正确抓法

后肢

带有锋利的趾甲。雄性的后肢上带有“毒针”，可作为雄性之间争斗时的武器。

啊啊——！

快放开我~

只要抓住它的尾巴，就不会被它后肢上的毒刺扎到。抓这里是安全的……

至于鸭嘴兽发光的原因，至今仍然是个谜……

在哪里？

有说法认为，鸭嘴兽的皮毛在吸收紫外线后所散发出的蓝绿色荧光，实际上是一种拟态现象。这样可以使鸭嘴兽骗过鸟类、食肉动物、大型鱼类等天敌的眼睛，从而避免被捕食。

不敢动……

用光进行交流？！

Nihao……

神奇的鸭嘴兽已经超出了人类的想象。它的那束“光”是否也蕴含着人类无法想象的秘密呢？

如今，浑身散发着神秘光芒的鸭嘴兽的数量正在急剧减少。

干巴巴……

鸭嘴兽以河川为栖息地，但受气候变化、过度开采、森林火灾等影响，它们的栖息地遭到了巨大破坏，这也是鸭嘴兽数量锐减的主要原因。

据推测，五十年后鸭嘴兽的数量将会减少至现在的四分之一！

2021
2071
嗯？

在有“鸭嘴兽之城”之称的拉特罗布*，人们正在为保护鸭嘴兽所栖息的森林、河川而努力。

*野生鸭嘴兽的主要栖息地，位于澳大利亚的塔斯马尼亚州。

沃拉维森林保护区

拉特罗布的居民和科学家们通过恢复河川的水量，使鸭嘴兽的数量实现了增长。他们坚信，对于鸭嘴兽来说，现在只是“黎明前的黑暗”。人类千万不要夺走它们的希望之“光”……

Zootube
动物园视频

毛鼻袋熊

震惊！

熊熊燃烧的森林里出现了英雄

在澳大利亚森林火灾发生之后，一个神奇的传说慢慢开始流传……

来这边！

一种身体胖墩墩、性情温和的动物

澳大利亚特有的有袋类动物之一，有着胖墩墩的身体，擅长挖掘洞穴。为了躲避酷暑高温和强烈的日光照射，白天一般会躲在洞穴中休息。性情温和，多生活在草原或森林中，以植物为食。

据说在大火中，
毛鼻袋熊将其他动物带到了自己的洞穴里，让大家成功获救。

大小 约1米

如果这些都是真的，那它确实是当之无愧的英雄……

分类 哺乳纲 · 袋熊科　　**食物** 草、植物的根　　**栖息地** 澳大利亚

森林火灾的大英雄？

毛鼻袋熊

一种有袋类动物，身上有用来育儿的袋子。

袋子在屁股附近。

巢穴长度可达30米。

不知为何排出的粪便呈方形！

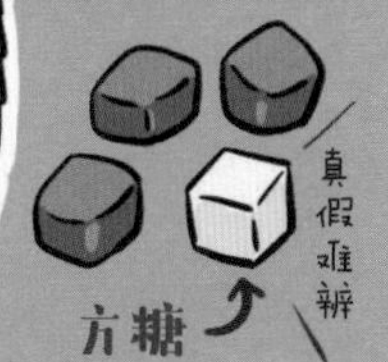

可能是因为肠道的构造比较特殊……

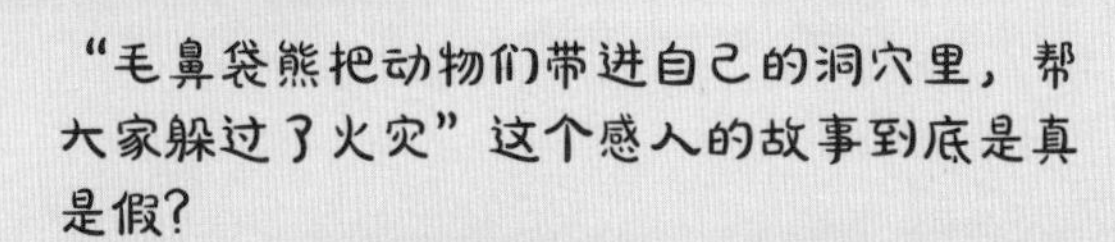

“毛鼻袋熊把动物们带进自己的洞穴里，帮大家躲过了火灾”这个感人的故事到底是真是假？

从结论来看，真实性有待考证。

有专家表示，毛鼻袋熊喜欢独处，从这点来看，它们主动去救助其他动物的可能性很低……

而且，毛鼻袋熊是近视眼，很难“带领”其他动物。

但是，这个传说并非空穴来风。有些森林动物确实可以自由进出毛鼻袋熊的洞穴。

所以，应该是有一部分动物真的因此逃过一劫。

对于这部分动物来说，毛鼻袋熊无疑是名副其实的“大英雄”。

笑容满面、蹦蹦跳跳的小型袋鼠

一种澳大利亚特有的小型袋鼠。与考拉一样同属有袋类动物，会利用腹部的育儿袋养育幼崽。以草、植物根茎等为食，性情温和不怕人，有很多游客会特意来和它们合影。

大小 40厘米～50厘米

分类 哺乳纲 · 袋鼠科　　食物 植物　　栖息地 澳大利亚

笑容的背后

短尾矮袋鼠

会像袋鼠一样蹦蹦跳跳。

大多生活在澳大利亚的罗特尼斯岛。

腹部的袋子用来养育幼崽。

罗特尼斯意为“老鼠的巢穴”。

那是因为荷兰冒险家在首次登上罗特尼斯岛时，把短尾矮袋鼠当成了老鼠。

每年都有五十多万名游客到访罗特尼斯岛。短尾矮袋鼠并不惧怕人类，还会主动凑到人类身边。不过，请勿触摸短尾矮袋鼠。

在这惹人怜爱的“笑容”背后，矮袋鼠正面临着十分严酷的生存考验。

受捕猎、栖息地被破坏、狐狸等外来物种入侵以及气候剧变造成的火灾和干旱等影响，短尾矮袋鼠的数量大幅减少！

地球上现存的野生短尾矮袋鼠仅有1.4万只。我们一定不能让“世界上最快乐的动物”的笑容在地球上消失……

兔耳袋狸

震惊！通过学习"恐惧"而被拯救

和天敌一起生活的理由是……

拥有兔子般长耳朵的有袋类动物

澳大利亚特有的有袋类动物。在澳大利亚，兔耳袋狸甚至取代兔子成为某些节日的吉祥物，节日时，兔耳袋狸形状的点心很受欢迎。兔耳袋狸会在地下挖掘洞穴生活，是性情温和的杂食性动物。

大小 20厘米～56厘米

兔耳袋狸长得既像兔子又像老鼠，看起来非常可爱。

然而，由于被人类所带来的动物（猫、狐狸）不断捕食，兔耳袋狸的数量正在持续减少……

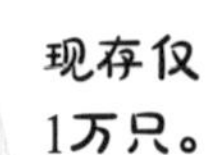

现存仅1万只。

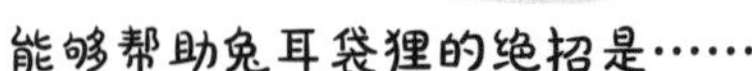

能够帮助兔耳袋狸的绝招是……

分类 哺乳纲·袋狸科　**食物** 昆虫、植物果实　**栖息地** 澳大利亚

恐惧的回报

兔耳袋狸

夜间活动，多生活在沙漠中。前肢强壮有力，擅长刨土，可以挖出长达3米的洞穴。

昆虫和植物的果实都是它们的食物。

兔耳袋狸最大的天敌是猫!

起初，兔耳袋狸对猫的可怕之处一无所知，所以面对猫的攻击时不知所措，只能惨遭捕杀……

当地的人们冥思苦想，最后想到了一个办法。那就是让兔耳袋狸和猫生活在一起，让它们慢慢认识到猫的可怕。

在保护区内与受管理的猫共同生活了几年之后，兔耳袋狸重新被放归野外，存活率有了显著提升。

依托这些保护活动，兔耳袋狸逐渐回归大自然的怀抱。2020年，人们时隔一百多年后重新在野外发现了兔耳袋狸自然繁育的幼崽，这个物种的未来终于被点亮了。这么看来，“恐惧”也是能救命的呀……

爱吃东西但不会飞的大鸟

与鸵鸟一样同属于大型鸟类。鸸鹋(ér miáo)虽然不会飞,但跑得很快,奔跑时最高时速可达50千米。耐力很好,能够以32千米的时速持续奔跑40分钟。鸟蛋为墨绿色,和人类的手掌差不多大。

大小

1929年爆发的世界经济危机,让澳大利亚的农民苦不堪言……不挑食且行动敏捷的鸸鹋经常来破坏农田,把本就为数不多的农作物一扫而光……

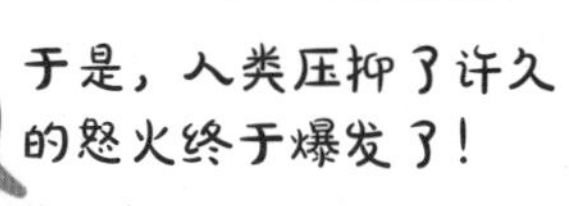

于是,人类压抑了许久的怒火终于爆发了!

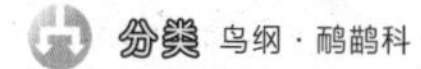

分类 鸟纲·鸸鹋科

食物 昆虫、果实

栖息地 澳大利亚

人鸟之战
鸸鹋
地球上体形仅次于鸵鸟的
澳大利亚巨鸟
因为农作物被鸸鹋破坏殆尽，
人们前往政府寻求帮助。
甚至还带有
一些恐龙的
特征……
迅猛龙
嗯？
翅膀非常小。
彰显军队的威力……
于是，国防部长直接出动了配备机枪的军队……
1932年，
“鸸鹋战争”爆发了！
军队提前设下埋伏，等鸸鹋群靠近后，所有机枪的扳机被同时扣动！
啪
啪
啪
啪
啪
啊啊～
咚
咚
咚
咚
咚
后来，由于机枪损坏，鸸鹋开始疯狂乱窜，人类此次作战计划最终以失败而告终。
之后，军队多次发动进攻却损失惨重，人们开始质疑这场战争的必要性，认为这完全就是在浪费国家经费。这场战争最终以人类战败而告终。
哎呀呀……
这场鸸鹋与人类的战争落下了帷幕。然而在2020年，爆发过“鸸鹋战争”的州的另一座小城市里，再次出现了大量鸸鹋，而且它们已经在那里定居。这次，希望大鸟和人类之间不再“战争”，但人类能找到与鸸鹋和平共处的方法吗？
轰
轰
轰

震惊！

红袋鼠

令人又爱又恨

是可以吃的?!

最能代表澳大利亚的动物

红袋鼠是澳大利亚及附近岛屿特有的大型食草动物，进化过程自成一派。它们是世界上最大的有袋类动物，会用腹部的育儿袋来哺育幼崽，喜群居。

袋鼠是澳大利亚文化中不可或缺的动物。

国徽

鸸鹋

澳大利亚

硬币

而且在澳大利亚原住民的文化中，也有着十分重要的地位。

一万七千年前的壁画

袋鼠可以说是澳大利亚的“最佳代言人”。但是，它们与人类的关系相当复杂……

大小 1米～1.6米

分类 哺乳纲 · 袋鼠科　**食物** 草　**栖息地** 澳大利亚等

大图鉴

流行舞冠军

袋鼠

强壮结实的后足。

一次可跃出9米远。最高时速超过50千米。

两个十分机敏的大耳朵

可以灵活转向左右两边。

尾巴强壮有力，被称作“第五条腿”。

有了尾巴的辅助，走路更轻松了。

使劲儿……

弹

还能在使用绝招“双脚踢”时用来支撑身体！

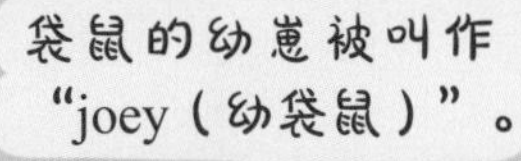

袋鼠的幼崽被叫作“joey（幼袋鼠）”。

身强力壮的袋鼠有着很强的适应能力，从沙漠到热带雨林，在澳大利亚所有地区都能看到袋鼠朝气蓬勃的身影。

在海边也有。

袋鼠太多啦？

虽然袋鼠深受人们的喜爱，但也经常会与人类发生冲突……

雄性袋鼠的肌肉十分发达。

毁坏农作物……

造成交通事故……

并且，袋鼠的总数已达5000万只，是澳大利亚总人口的两倍。

有的人把袋鼠视作“有害的动物”，甚至展开了一些“驱除袋鼠”的行动。

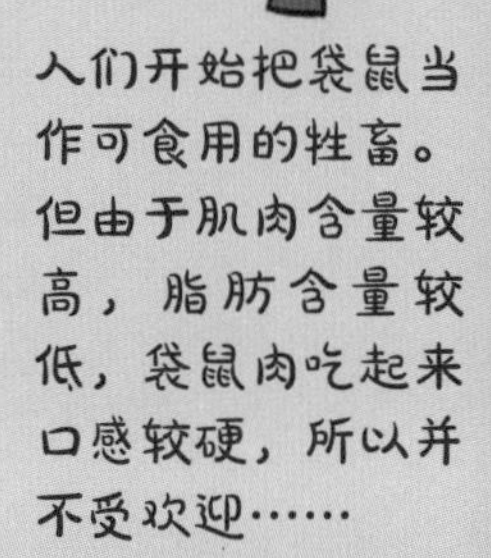

人们开始把袋鼠当作可食用的牲畜。但由于肌肉含量较高，脂肪含量较低，袋鼠肉吃起来口感较硬，所以并不受欢迎……

爪子也很锋利。

即便时常发生冲突，人们对袋鼠的喜爱却未曾减少。在2019年年末的森林火灾中，袋鼠伤亡惨重，很多人都为此感到痛心、难过。

人类与动物之间有着十分不可思议的联系，而袋鼠与人类间的关系就是这种奇妙关系的代表。

袋鼠可以向人类寻求帮助？

某个机构曾做了一项实验。

首先，在一个打开的箱子里放入食物。

等袋鼠拿取几次后，就把箱子的盖子盖上。

袋鼠会向周围的人寻求帮助，让人类帮忙打开盖子。

过去，我们一直认为只有狗、马、羊等这些被人类驯养的动物才会和人类有这样的“交流”。然而该项实验却表明，袋鼠同样具有较高的认知能力。

实际上，需要人类帮助的袋鼠不在少数。因交通事故而失去父母的袋鼠幼崽接连出现，森林火灾的悲惨场面也历历在目……

有些人已经向这些袋鼠伸出了援手。

为了让小袋鼠生活得更安心，人们把“孤儿袋鼠”放进袋子里抚养，

直到小袋鼠能独立生存，再将它们放归大自然。

袋鼠也许真的具有超强的沟通能力，能够向人类寻求帮助。但是否愿意听见它们的求救声，还是取决于人类啊。

眼镜凯门鳄

震惊！超受蝴蝶欢迎的鳄鱼的眼泪

戴着“眼镜”的小型鳄鱼

栖息在中美洲及南美洲河川、沼泽、湖泊中的小型鳄鱼，以鱼类和小动物为食。繁殖后代时，每次可产 15 ～ 40 枚卵。在鳄鱼族群中属于性情比较温和的品种。

蝴蝶们集结而来的目的竟然是鳄鱼的眼泪！

隐藏在鳄鱼眼泪中的秘密是……

大小 1.5米～2.5米

分类 爬行纲 · 短吻鳄科　**食物** 鱼、小动物　**栖息地** 中美洲及南美洲

戴“眼镜”的鳄鱼

眼镜凯门鳄

主要生活在墨西哥南部和阿根廷北部的淡水中。

因眼睛周围的构造看起来像戴了眼镜一般而得名。

※眼眶形似镜框。

话说回来，鳄鱼为什么会流眼泪呢？当然并非因心情悲伤而哭出来的。

这是因为鳄鱼需要通过眼尾处的器官排出体内多余的盐分，这个过程看起来就像在流泪。

人类的眼泪之所以是咸的，也是因为其中含有盐分。

吸

快住口！

反正你也不会吃亏。

实际上，除了蝴蝶以外，飞蛾、蜜蜂等许多昆虫也有“饮用”动物眼泪的习性。

快给我盐~

盐

但是，鳄鱼等爬行动物的眼泪被昆虫“饮用”的情况还是很少见的。

对于蝴蝶来说，盐分是必不可少的矿物质，但它们最喜欢吃的花蜜里却几乎不含盐分。为了补充盐分，它们才会在有眼泪的地方集结。

“鳄鱼的眼泪”是一句有名的谚语，意为“虚情假意的同情”。在世人的眼中，鳄鱼的眼泪是欺骗、虚伪的代名词。但在现实中，鳄鱼的眼泪却真实地滋润了蝴蝶们的生命。

黑尾土拨鼠

绝招！在大草原的中心高呼“快跑”

可以使用语言发出警报？

生活在北美大地上的“草原小狗”

黑尾土拨鼠的英文名为“Black-tailed Prairie Dog”，意为“黑尾巴的草原犬”，因叫声和犬吠类似而得名。它们和松鼠、老鼠同属啮齿类动物，过着群居生活，以草和昆虫为食。擅长挖洞，栖息在草原上的地洞中。

大小 30厘米

悠长的叫声是它们十分重要的交流方式。

当天敌靠近时，可以通过叫声向同伴发出警报，通知大家逃回巢穴。

当危险解除后，再向大家发出“警报解除”的通知。在土拨鼠的叫声中，其实还隐藏着一个秘密……

分类 哺乳纲·松鼠科　食物 草、昆虫　栖息地 北美洲

大图鉴

欢迎来我们的"城镇"

黑尾土拨鼠

黑尾土拨鼠是五种草原犬鼠中数量最多的一种。

一只雄鼠和多只雌鼠组成一个大家庭，与孩子们一起生活在巢穴中。

白天在巢穴外寻找草和植物根茎、果实作为食物。

通过接吻打招呼

以此辨别对方口中的气味，判断对方是不是自己的同伴。

叫声里的秘密

黑尾土拨鼠的天敌非常多！

面对种类繁多的捕食者，黑尾土拨鼠需要更加精准的防御对策……

这时，叫声就起到了十分重要的作用。

根据敌人的种类，它们会发出不同的声音！

例如，当金雕来袭时，就可以对它的大小、颜色、外形，甚至速度，进行详细说明。

可以在地下挖出庞大的洞穴，大家便在这个如城镇般的复杂洞穴中生活。

最典型的“城镇”面积可达1.3万平方千米。

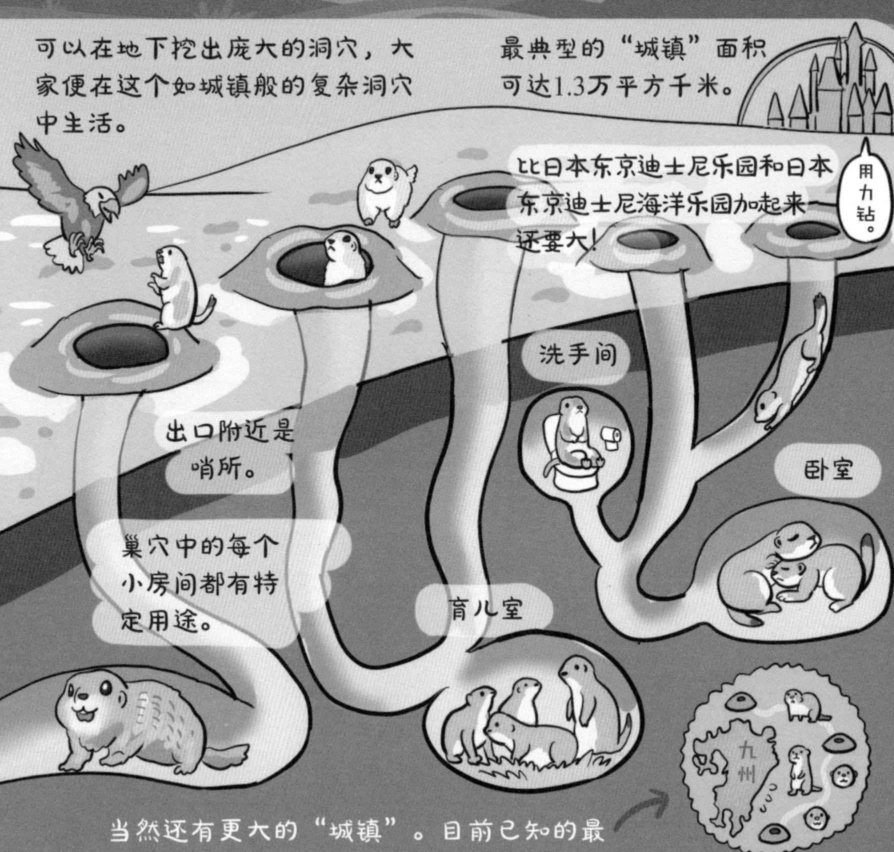

当然还有更大的“城镇”。目前已知的最大“城镇”面积为6.5万平方千米，是可以容纳四亿只犬鼠的“超级大都市”。

约为日本九州地区面积的两倍大！

据说即便入侵者是人类，它们也可以将体形、穿着什么颜色的衣服、是否携带武器等信息传达出来。

通过变换发声的方式、顺序表达不同的语义，就像人类语言中的语法一样。当有新事物出现或新的事情发生时，它们甚至可以重新组织语言，创造出全新的表达。

草原说唱对决

Yo！下面是我的表演，我是Prairie dog，而躲在洞里的你是under dog。

或许，“语言”并非人类专属……

“城镇”属于谁？

巨大的“城镇”巢穴里除了土拨鼠外，也有其他动物居住，例如猫头鹰。

对于其他动物来说，结构复杂的“城镇”是一个非常舒适的居所。

鼬鼠、蛇等捕食者也会使用土拨鼠挖出的巢穴。所以说，自然界的胸怀之宽广可真是不容小觑啊……

边跳边叫

这是土拨鼠经常会做出的一种独特行为。

将两只前足抬起，然后身体直立向上跳，跳的同时还会“啊啊”地大叫。

当天敌离开后，同伴们会一起边跳边叫，仿佛是在庆祝和欢呼。

永远的好朋友

据说，同一族群的伙伴们一起做同样的动作，还有助于团结族群。

有时甚至会因为跳得太投入而摔个脸朝天……一定注意控制情绪，不要兴奋过头呀。

虽然在人类看来，动物们非常“悠闲自在”，但它们也是在不断地战斗中慢慢进化的！

加州地松鼠的最大天敌是响尾蛇！响尾蛇是十分恐怖的捕食者，身带剧毒且十分聪明。有研究发现，响尾蛇的猎物中，70%都是幼年松鼠。

吃饭饭
吃饭饭
啊啊！

几百万年来，松鼠与响尾蛇的战斗从未停止，二者祖祖辈辈都在不断较量。但话说回来，松鼠可不会乖乖等着给蛇当美餐！

分类 爬行纲 · 蝰（kuí）蛇科 食物 小动物等 栖息地 美洲大陆等

分类 哺乳纲 · 松鼠科 食物 种子、果实等 栖息地 美国等

松鼠之所以能够与响尾蛇抗衡，是因为它的尾巴。遇到响尾蛇后，松鼠会将尾巴竖起来快速摆动。

响尾蛇的身上有可以感知红外线的颊窝。利用颊窝，响尾蛇可以感应到有温度的物体。

松鼠通过摆动尾巴将大量血液输送到尾巴上，使尾巴的温度迅速上升！（可以提升约 2℃。）

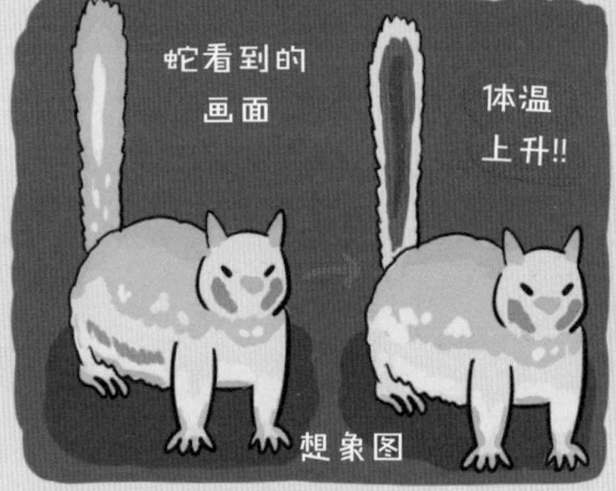

研究人员推测，对于利用红外线来感应对手的蛇来说，这种快速的温度升高好比一种警告，仿佛在告诉蛇“要是敢攻击我的话，我可饶不了你”。

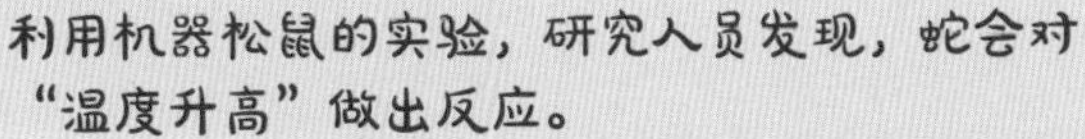

利用机器松鼠的实验，研究人员发现，蛇会对“温度升高”做出反应。

在机器松鼠的尾巴上装上圆筒形加热器，做成仿生松鼠。

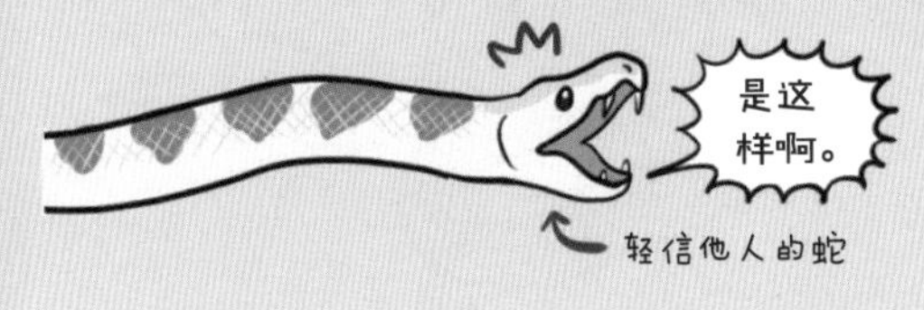

当机器松鼠的尾巴温度升高时，蛇的警惕性明显变强了。

当然，也有一些蛇战胜了发热尾巴带来的恐惧，对松鼠发动了攻击……

然而，松鼠也不会轻易认输！

松鼠会反过来狠狠地咬住响尾蛇，有些蛇甚至还会被松鼠咬死。有研究称，一些松鼠天生就对蛇毒免疫。

分别拥有“毒”和“热”两种强大力量的动物们，它们之间的争斗究竟何时才能终结？

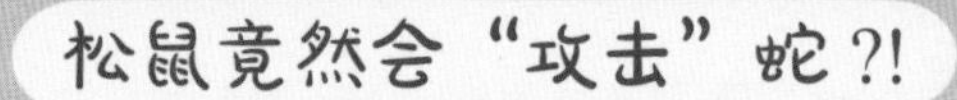

松鼠竟然会“攻击”蛇?!

虽说松鼠一生都在为逃脱蛇的魔爪而奋斗，但有时它们也会主动对蛇发起“攻击”！

松鼠几乎不吃肉，它为何要故意挑衅蛇呢？

真相竟然是……

为了盗取蛇的气味！

松鼠有时会捡蛇的蜕皮来啃咬，目的是让自己的身上沾染蛇的气味，从而掩盖自身的气味，以此逃脱蛇的追捕。

更厉害的是，松鼠甚至还会直接从活着的蛇身上夺取气味！

它们会一边躲避来自蛇的攻击，一边想方设法啃咬蛇的身体……成功“抢到”蛇的气味后，松鼠便会迅速撤离，留下蛇一脸茫然……

不惜冒着和毒蛇正面交锋的危险，也要取得可靠的“防御武器”，松鼠可真是个“强硬派”啊……

看来为了生存下去，有时还是需要“殊死一战”的决心。

羱羊

挑战极限高度!!

面对悬崖峭壁也毫不退缩的欧洲山羊

羱羊生活在位于意大利、法国等欧洲国家境内的阿尔卑斯山上。人们惊讶地发现，这种以植物为食的山羊，不知为何居然会去攀登寸草不生、与地面几乎垂直的水坝。

分类 哺乳纲 · 牛科

食物 草

栖息地 阿尔卑斯山脉

三只山羊嘎啦嘎啦

羱羊

阿尔卑斯羱羊

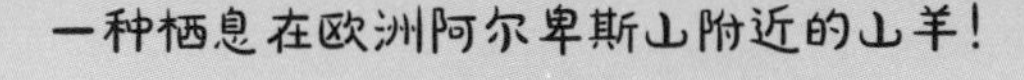
一种栖息在欧洲阿尔卑斯山附近的山羊！

居住在海拔几千米高的山上，以草木为食。

最大的特征是头上的两根大角。

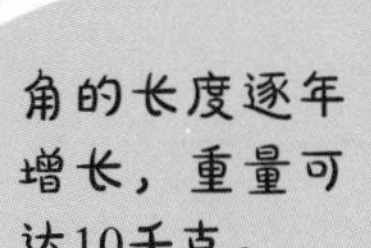
角的长度逐年增长，重量可达10千克。

羱羊的蹄子分成两瓣，比较柔软，可以牢牢抓住微小的凸起。所以，即便是陡峭的山坡，羱羊也不容易滑下来。

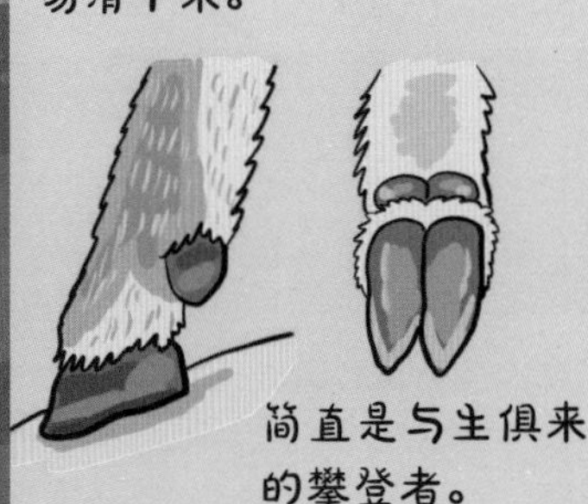

简直是与生俱来的攀登者。

自中世纪起，羱羊的羊角一度被视为珍贵的药材，因此羱羊不断被人类捕杀，最终濒临灭绝……

后来，由于当地政府积极保护，羱羊得以重新出现在阿尔卑斯山地区。

羱羊到底为什么会不顾危险爬上陡峭的水坝呢？

为了吃到“盐”。

青草中的盐分等矿物质含量非常少，如果只吃草，羱羊的身体就很容易缺乏矿物质。于是，水坝就变成了羱羊的“盐分补给站”。为了舔食水坝岩壁上析出的盐，羱羊不得不去攀登，这对于其他动物来说几乎是不可能完成的。

对于羱羊来说，险峻的悬崖峭壁也许就是营养丰富的“奖励关卡”吧。

马赛长颈鹿

像云一样高，像雪一样缥缈

居住在坦桑尼亚的长颈鹿

长颈鹿栖息在非洲稀树草原，以树叶和草为食。马赛长颈鹿是长颈鹿的亚种之一，身体上的褐色斑纹呈锯齿状。2016 年，通体白色的马赛长颈鹿白色变异个体被发现。

很多动物都存在白化个体，这主要是基因突变造成的。而白化长颈鹿却并不多见。

当神圣的白色长颈鹿通过视频走进人们的视野，全世界的动物爱好者们都忍不住发出了惊叹。

但没有人知道，未来等待它的是怎样的悲剧……

大小 4米～6米

分类 哺乳纲 · 长颈鹿科　食物 树叶、草等　栖息地 非洲

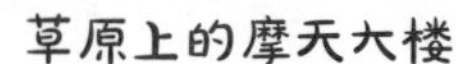

草原上的摩天大楼

马赛长颈鹿

长颈鹿的亚种之一，在热带稀树草原上过着群居生活。

经过七百万年的进化，如今，长颈鹿终于拥有了高大的身躯以及能够支撑这个身体的奇妙构造，成为世界上最高的动物。

普通长颈鹿的斑纹呈网状。

7块颈椎

强有力的韧带

可以自由活动的脖子

巨大的心脏

长长的脖子里是可以自由收缩的血管。

即便突然抬头，也不会头晕……

突然低头时，血液也不会猛然逆流到脑部。

褐色的斑纹下密布着血管和汗腺*。所以，长颈鹿身上的褐色斑纹其实就是具有散热作用的“降温板”。

※排出汗液的器官。

全球稀有白化动物

随着年龄的增长，体重会不断增加。为了支撑逐渐变大的身体，腿部的骨骼也会慢慢变粗。

头上的角由皮肤包裹骨骼形成。仔细观察可以发现，长颈鹿的角共有五根。

1 2 3 4 5

长长的睫毛可以遮挡阳光。

两个大大的鼻孔可以给血液和大脑降温。

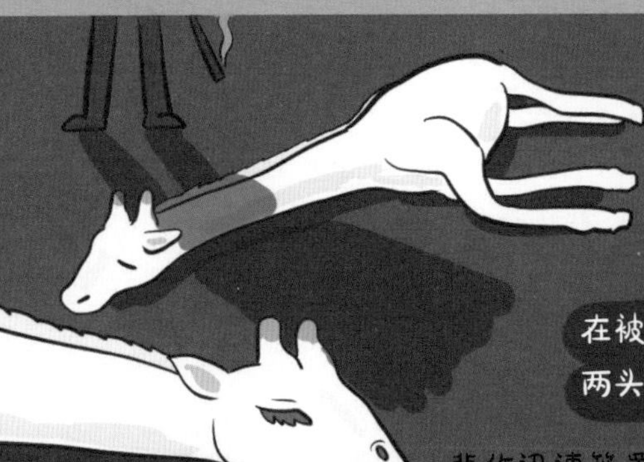

白色的长颈鹿可以说是生命的奇迹。

然而在2020年3月，悲剧发生了……

在被发现的三头白色长颈鹿中，竟有两头（母子）被盗猎者残忍杀害！

悲伤迅速笼罩了世界上所有的动物爱好者……

为了保护最后一只白色长颈鹿，肯尼亚自然保护组织在它的角上安装了GPS（Global Positioning System，全球定位系统）追踪器。GPS每隔一小时发送一次信号，将长颈鹿所在的位置回传给保护人员。人们希望能通过此举，帮助长颈鹿成功躲避盗猎者。过去，马赛长颈鹿曾是长颈鹿中数量最多的品种，然而现存数量却仅为三十年前的一半。如今，马赛长颈鹿已成为濒危物种。

白色的长颈鹿不幸成为人类贪婪欲望的牺牲品，希望它们那洁白的身姿可以在人们的记忆中永存……

很多动物中都存在白化个体。
白化孟加拉虎
白色白头雕
白狮
白色河马
白色美洲狮
还有……
企鹅
白化动物虽然通体为白色，但体内是可以合成黑色素的。所以，白化动物身体的某些部位是有颜色的。
这与先天身体无法合成黑色素的白化病是不同的。
白化病动物的眼睛呈红色。
居然把堪称“生命奇迹”的长颈鹿杀掉……人类真是残忍至极！
但是……
那都……都是坏人干的。
话说回来，
白色长颈鹿之所以会被盗猎者发现，还不都是因为有人拍了视频！
呜！
不要戳动物短视频博主的心窝子啦……
刺ψ
在××发现的
超珍稀的鸟!!
是××啊……
那些将枪口瞄准珍稀动物的坏人也会上网看有关动物的视频……
当我们见到比较稀有的动物时，请注意不要公布它的具体位置。
记笔记
你在跟谁说呢？哦，是观众啊。

犰狳环尾蜥

绝招！浑身刺、圆滚滚

完美防御

也有弱点吗?

像犰狳一样浑身铠甲的蜥蜴

一种栖息在南非沙漠和岩石中的蜥蜴，外形酷似恐龙中的甲龙，以白蚁等昆虫为食。有时会以较少的数量结群而居。当遭遇敌人袭击时，它们会用尖刺般的鳞片保护自己。

除了可以抵御天敌的攻击，铠甲还有伪装成沙漠和岩石的拟态作用。

20厘米

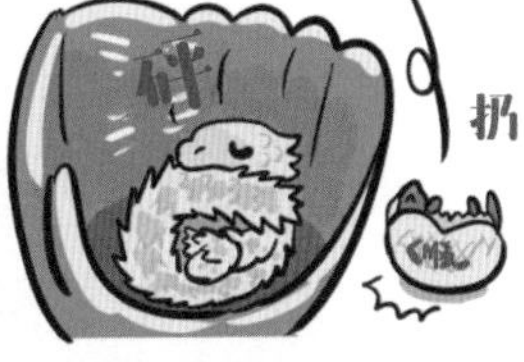

爬行纲 · 环尾蜥科

小型昆虫

南非

衔尾蛇之盾
犰狳环尾蜥
一种拥有坚硬铠甲、栖息于乱石之中的动物。学名为“Cordylus cataphractus”。
尾巴与身体的长度相同。
主要以白蚁为食。
臭龙！
腹部十分柔软。
当被逼到绝境时……
乖乖束手就擒吧！
用嘴咬住尾巴……
咬住！
将身体蜷起来！
当当
江湖人称“衔尾蛇之盾”!!
出现了!!
是江湖上的谁说的？
天敌是鹗（è）等猛禽。
“防御体系”在空中会失效……
呜……蜷不起来了。
因其帅气的外形，在宠物市场上很受欢迎，因而成为走私违法活动的受害者。铜墙铁壁般的铠甲也有防不住的威胁啊。
什么都看不到

优雅的捕蛇“皇后”

生活在非洲稀树草原上的猛禽。肉食性动物，以昆虫和小型哺乳动物等为食。正如其名，蛇也是蛇鹫的美餐。头上的冠羽形似箭翎，所以又称“射手鹰”。

拥有优雅美丽的外表，被誉为“世界上最美的鸟”。

又直又长的双腿引人注目！双腿覆盖着鳞片。

“鸟界蒙娜丽莎”可怕的另一面是……

大小 1.3米

分类 鸟纲 · 蛇鹫科　食物 昆虫、爬行动物等　栖息地 非洲

真正的捕蛇高手
蛇鹫
捕猎过程堪称惨烈！
呼啦呼啦地
拍打着双翅……
呼
啦
呼啦
蛇出现的瞬间
……说时迟那时快！
钻出头
大家好
啊——
眼镜蛇
cobra
在树上筑巢，
蛇鹫夫妇共同
哺育雏鸟。
好饿啊……
第一集
等待食物
踢！
砰！
啊啊——
踢！
啊啊——
按住
连环踢！
啊！
砰！
在这种飞速的连环踢面前，纵然是剧毒的毒蛇也束手无策！美丽与凶猛并存，这迷人的双重面目正是蛇鹫真正的魅力之所在。
脚与猎物接触的时间仅为眨一下眼睛所用时间的十分之一。
噢
噢噢噢
它是在……
吃蛇……
这个……
鼠美小姐
我想问一下……
您是只吃
蛇对吧？
也会捕猎其他动物
永别了，尊敬的鼠先生、鼠小姐们。
呵呵呵！

犀牛（白犀牛/黑犀牛）

绝招！守护它吧，即使四脚朝天

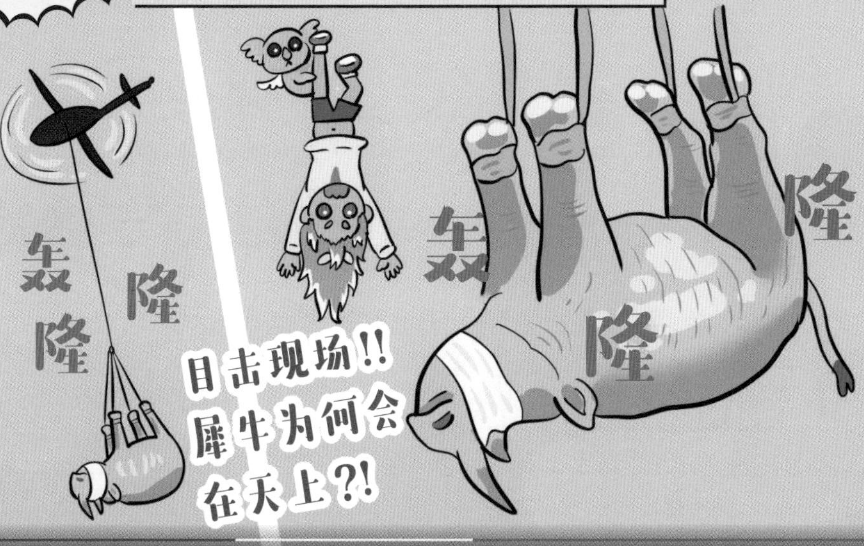

栖息在非洲平原上的巨大有角动物

白犀牛和黑犀牛虽然看起来凶神恶煞，但实际上是性情温和的植食性动物。白犀牛的身躯十分庞大，是犀牛中最大的品种。当感知到危险或要保护幼崽时，会用头上的角攻击敌人。

大小 4米（白犀牛）/3米（黑犀牛）

白犀牛和黑犀牛其实都是灰色的。

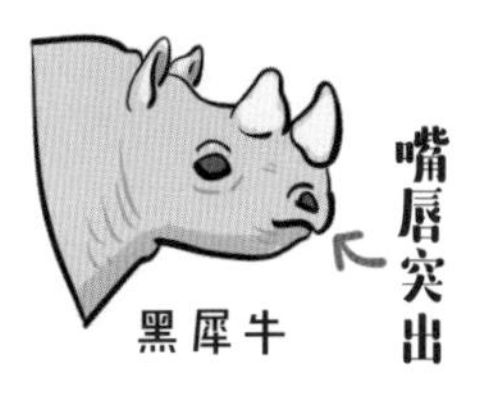

在非洲草原上，每年有超过1000头犀牛死于盗猎者的枪下。犀牛角价格高昂，觊觎犀牛角的人妄图以此来牟取暴利。

为了拯救犀牛，人们想出的计策是……

分类 哺乳纲 · 犀科　**食物** 草、低矮的树叶　**栖息地** 非洲

温柔的大角

白犀牛

犀牛角的主要成分是角蛋白，与人类的头发、指甲成分相同。

皮肤厚度为2厘米，厚实坚硬。

犀牛角相当于是由大量的头发凝聚而成的……

成熟后的犀牛角长度可达1.5米。

看！在广袤的稀树草原上空，竟然出现了一头倒挂着的犀牛！

虽然这个画面看起来有些不可思议，但是为了拯救濒临灭绝的犀牛，人们必须完成这项重任——将犀牛转移到安全地带，防止它们被盗猎。

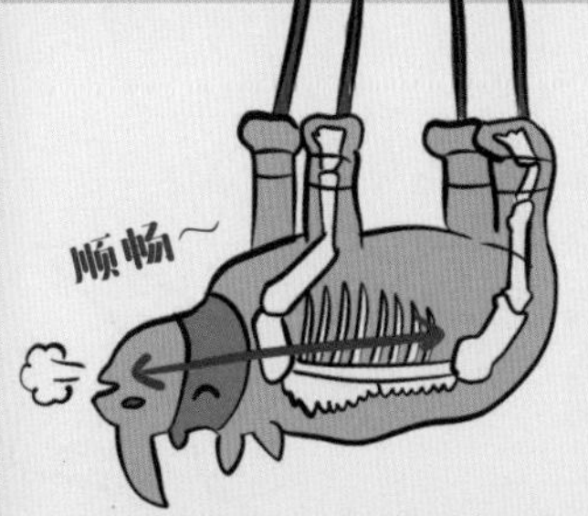

为什么要倒挂犀牛呢？

实际上这是出于对犀牛健康的考虑。相比横卧，倒立可以让犀牛的呼吸更加顺畅，也更有利于血液循环。

尽管像这样的“空运任务”需要耗费大量的人力、物力，但是为了保护犀牛的生命和健康，人类还有很长的路要走。

大东非鼹鼠

绝招！和那个小家伙联手存活下去！

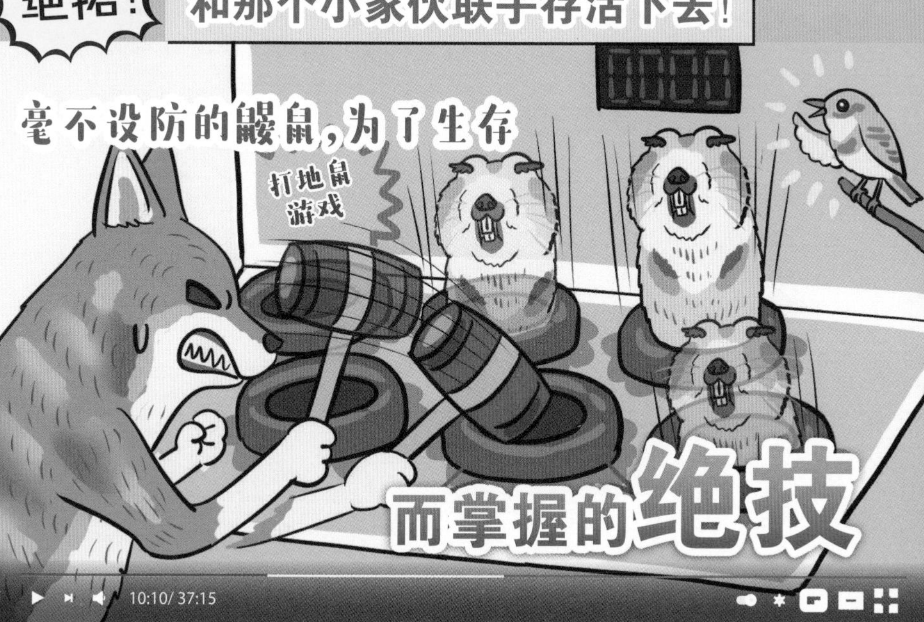

生活在地下的大头老鼠

栖息在非洲埃塞俄比亚高原上的植食性老鼠。擅长用自己的短腿挖洞，和鼹鼠一样生活在地下。因长期在地下生活，它们的眼睛逐渐退化，视力较差。

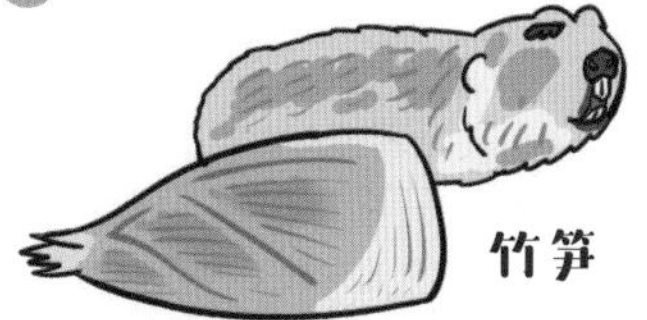

生活在非洲的大头鼹鼠，

长相十分独特……

三万多年前，它们是高原地区狩猎民族的盘中餐。

因为太过美味，为自己招来了“杀身之祸”……

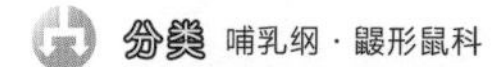

有“保镖”的

大东非鼹鼠

大多数时间都生活在地下。

黎明或傍晚时从洞穴里出来活动。

生活在埃塞俄比亚海拔三千多米的高原上。

咬住窝边的草，

然后迅速撤回洞穴。

它们的身体圆润肥硕，是埃塞俄比亚狼的最佳口粮。

虽然大东非鼹鼠自己很难防范危险，但它却有十分可靠的伙伴。

不但视力差，听力也不好，出现在地面上的鼹鼠简直就是送到嘴边的美味……

大东非鼹鼠的"保镖"就是……

山岩鵖（bī）

每当大东非鼹鼠挖土觅食时，山岩鵖就会在翻出的泥土中寻找虫子……

当埃塞俄比亚狼靠近时……

山岩鵖马上发出响亮的叫声！

大东非鼹鼠就会立即撤回洞穴！

有了这个好搭档，大东非鼹鼠就能安心吃草了。

而山岩鵖也能获得食物。

如果能"双赢"，动物有时也能实现跨物种合作。

不过，因为鼹鼠的听力不好，小鸟的警报也不是每次都能奏效。

不过话说回来，埃塞俄比亚狼被称作"世界上最罕见的犬科动物"，现在全世界仅剩500只。大东非鼹鼠作为埃塞俄比亚狼的食物，在整个生态系统中起着十分重要的作用。

飞起来了?! 世界上的神奇老鼠

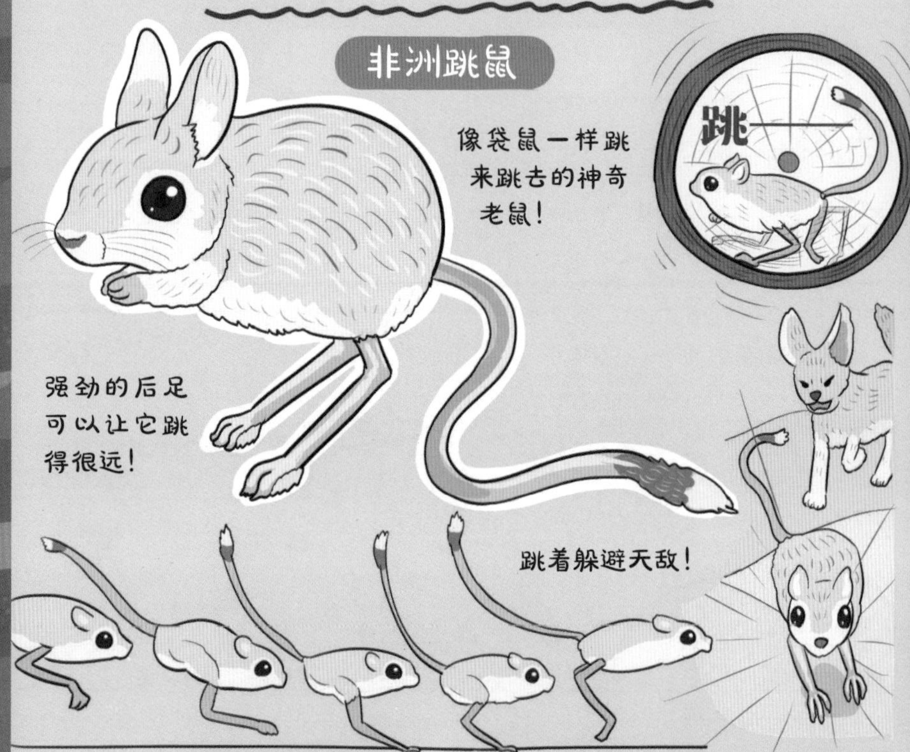

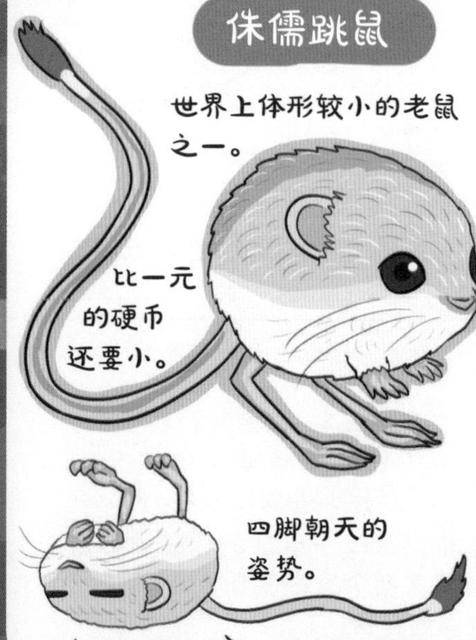

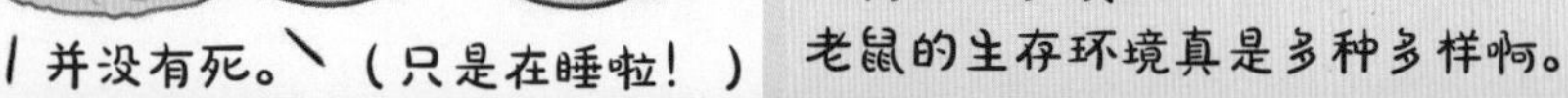

长耳跳鼠

生活在蒙古和中国的沙漠里。

两只大大的耳朵可以帮助身体散热。

扑棱 扑棱

好热~

从高山到沙漠……老鼠的生存环境真是多种多样啊。

给戴有色眼镜之人的特别讲堂 实际上二者都是强者！

提到鬣狗，很多人都会觉得它们是抢夺其他肉食性动物猎物的卑鄙家伙，然而这只不过是人类的偏见罢了。

据某项调查显示，多数情况下，鬣狗辛苦抓到的猎物反而会被狮子抢走。

当然，为了获取食物而不择手段，在大自然中是再正常不过的了。但是不知为何，只有鬣狗的“狡猾”行为被刻意夸大……

*《狮子王》的主题曲。

分类 哺乳纲 · 猫科　 食物 中小型动物　栖息地 非洲

分类 哺乳纲 · 鬣狗科　食物 中小型动物　栖息地 非洲

没错，鬣狗实际上是十分优秀的猎手！

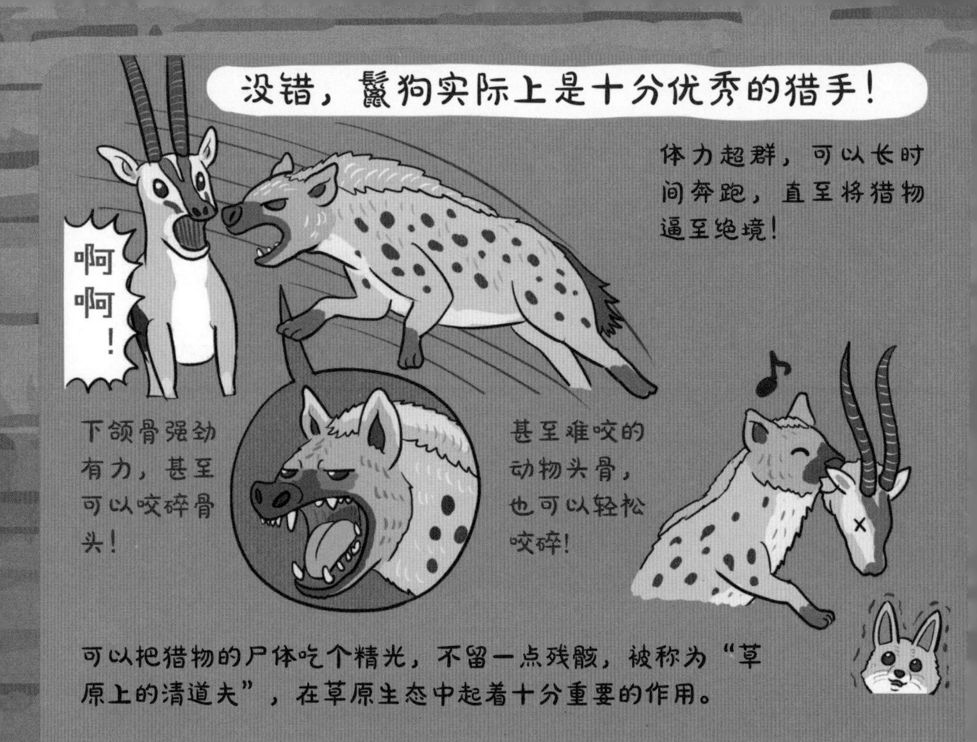

体力超群，可以长时间奔跑，直至将猎物逼至绝境！

下颌骨强劲有力，甚至可以咬碎骨头！

甚至难咬的动物头骨，也可以轻松咬碎！

可以把猎物的尸体吃个精光，不留一点残骸，被称为“草原上的清道夫”，在草原生态中起着十分重要的作用。

鬣狗被认为是“世界上等级制度最森严的肉食性动物”，有些族群的规模高达80只！

由雌性担任族群的首领！

族群中有着严格的等级制度，彼此之间须时常保持联络和问候……

总之，鬣狗是一种十分重视交流且非常聪明的肉食性动物。

鬣狗的狩猎本领一流，它最大的竞争对手是狮子！面对体格健壮的狮子，如果一对一正面对抗，鬣狗毫无胜算……
噜 噜 噜 噜
啊啊啊……
但是，如果同伴之间通过高超的沟通技能全力配合，鬣狗有时也可以将狮子打败！
呜
嗷 呜 呜 呜
有的鬣狗甚至还会威风凛凛地把解决掉的狮子的头颅带回家。
留下小命！
啊啊～
听到了吗？
鬣狗女王
来吧！
在以往的印象里，鬣狗是一种令人生厌的动物。但在了解它们出色的捕猎技能和重要的生态价值后，现在你对它是不是刮目相看了？
呜呼呼～
呀呼～
呜哈哈～
我要下来！
没关系啦。
毫无关系的胡狼
69

啊！竟有“想被狮子吃掉”的鬣狗?!

令人意想不到的是，有些鬣狗居然会“想被狮子吃掉”！

人们认为，导致这种现象出现的原因可能是由于鬣狗感染了一种名为“弓形虫”的寄生虫。感染了该寄生虫的鬣狗，被狮子杀掉的概率大幅上升。尤其是一岁左右的鬣狗幼崽，一旦感染弓形虫，它们便会主动靠近狮子，所以被狮子吃掉的概率更大。

弓形虫的宿主是猫科动物。

为达到目的，它们甚至可以操控宿主！例如，它可以让感染后的老鼠靠近猫并被猫吃掉，以此到达猫的体内。

不过，像鬣狗和狮子这种大型哺乳动物出现这种情况，还是首次被证实。

补充一下，其实人类也是弓形虫的“中间宿主”之一……有报告称，世界上大约有三分之一的人感染了弓形虫。

寄生虫的生存“智慧”真是深不可测啊。

第2章

聪明机智的森林动物

预备
总播放量达到一百万次啦！恭喜恭喜！
砰！
鸭嘴兽形蛋糕
关注的人数也变多了！
发现了可以手托的大象?!
不能骗人啦
环球动物直播真是太厉害了。
还上了网络热搜！
说是“犹如身临其境，让人难以置信。该动物短视频账号的人气正在持续上升中”。
这是被质疑了吧？
为了纪念播放量突破百万，我来给你们看样东西……
摸索
摸索
应该是放在这里的……
有口袋吗？
说有动物以它是袋类所物。
就是
『话题塔』！
咚！
哇……哇?!
100000000
随着播放量的增加，塔身也将慢慢被染成金色。塔顶散发金色光芒时，就是考验完成之日。
这样呀，那真是让人兴奋啊！
不过……现在才这么点吗？
虽说播放量已经达到了一百万次，但也只是一亿次播放量的1%而已……
还是先不要那么高兴。
唉，还有很长的路要走啊……突然开始担心起来了。
不过呢，那些以前只能在图书和视频里看到的
让我十分向往的动物，现在可以在真实的大自然中见到，还真的……

真的就像做梦一样。
现在我真的无比开心！
这样就可以没有遗憾地迎接审判了……
闭嘴！都说不可以迎接啦！
我懂我懂。所以我们才会做这些事啊！
去下一个舞台吧！
记得“光盘行动”啊。
插
“有趣动物频道”现在向着森林的深处进发！

在森林中，只要充满智慧，就能生存下去！！

森林里有很多植物，因此许多以植物为食的动物便聚集于此。然后，那些以植食性动物为食的肉食性动物也随之而来。所以，森林里生活着各种各样的动物。森林有一个很大的好处，那就是藏身之处众多，就算是那些不擅长争斗的弱小动物，只要能够发挥自己的智慧，也可以在森林中生存下去。快来让我们看看森林动物们是如何生存的吧！

小小的身躯，大大的智慧……

由于体形较小，低地条纹马岛猬很容易成为肉食性动物的猎物。然而，它利用自己的身体特征练就了一项特殊技能，成功地在森林中生存了下来。

啃咬树木的河狸实际上……

河狸会通过啃咬树木筑巢。树木被咬后就会倾倒在地，这不禁让人联想到破坏环境。然而实际上，河狸却守护了森林！

强悍的家伙也有弱点……

美洲角雕是一种大型肉食性鸟类，几乎位于森林食物链的顶端。但如此凶猛的美洲角雕也有无法战胜的对手，它就是……

渔猫

猫界的游泳高手，轻轻松松抓到鱼

游泳的猫

擅长在水中捕猎的奇怪猫咪

渔猫生活在东南亚河流较多的地区。正如其名，渔猫可以潜入水下捕食鱼、青蛙、小龙虾等，当然它也可以在陆地上捕食老鼠。

生活在印度、东南亚等地的沼泽及红树林等水资源丰富的地区！

大小 80厘米

在人们的印象中，“猫都不喜欢水”，而渔猫却是能在水里捕猎的猫。

 分类 哺乳纲 · 猫科　　食物 鱼、水生动物等　　 栖息地 东南亚等

专业游泳运动员

渔猫

擅长游泳，可以在水中捕猎的猫！

英语名为“Fishing Cat”。

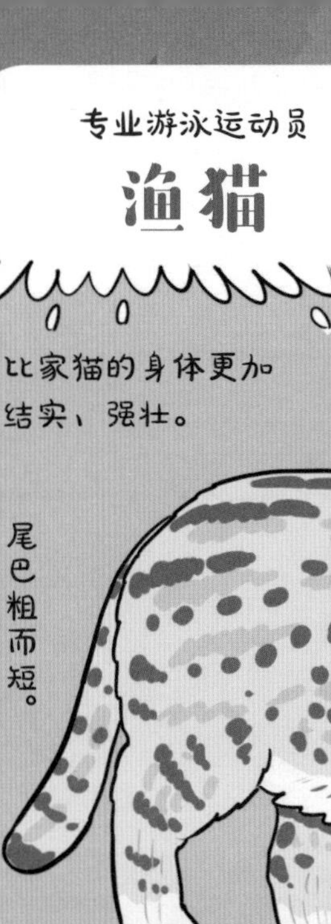

除了鱼类外，贝类和其他小动物也是渔猫的食物。

渔猫幼崽在出生后不久就要开始学习在水中捕猎。不过刚开始的时候总是不会太顺利……

渔猫栖息在水资源丰富的地区，然而随着湿地面积的急剧减少，渔猫也成为濒危物种。为了留住这只天赐的“水中之猫”，我们必须保护好它们的生活环境……

拥有糖果色的飞蛾

一种色彩十分鲜艳的飞蛾，主要生活在加拿大和美国北部。一般会在枫树等树木上度过几个月的幼虫时期，以树叶为食。虽然成虫的颜色非常醒目，但玫瑰枫叶蛾幼虫的颜色与其他飞蛾幼虫无异，都是绿色的。

大小 3厘米～5厘米

分类 昆虫纲 · 大蚕蛾科　　食物 枫树叶　　栖息地 加拿大、美国北部

毛茸茸的飞蛾
玫瑰枫叶蛾
雄蛾可以在很远的地方感知到雌蛾散发出的性信息素。
♂
♀
英文名为“Rosy Maple Moth（玫瑰色枫叶蛾）”。
枫糖浆
哎呀
黏糊糊
咔嚓
雌蛾会把卵产在枫叶的背面，
咔嚓
枫树不仅是玫瑰枫叶蛾的繁衍生息之地，也是它们的食物之源。
幼虫以枫叶为食。
咔嚓
咔嚓
和其他蚕蛾一样，玫瑰枫叶蛾在变为成虫后，口器便会退化，不再进食。
不用了
我最近在断食（直到死亡）。
几周后，成虫那如梦般的生命就宣告结束了。
我们都有毒!!
在自然界中，外表艳丽的生物大多有毒。这一身“粉色公主装”也是玫瑰枫叶蛾为了吓退天敌而装备的恐吓色。
除了我。
怯生生
啊啊——
其实，它是一种无毒的蛾子，很多鸟都会抓它来吃……
梦幻的外表也许是它在残酷的自然界中赢得生存之战的勋章吧。

用美丽的长尾巴展现自身魅力的蜂鸟

一种栖息在南美洲秘鲁安迪斯山脉热带雨林中的蜂鸟。虽然身体很小，但雄鸟那美丽尾羽的长度却可达体长的三到四倍。吸食花蜜时会以非常快的频率拍打翅膀飞翔，仿佛悬停在空中。

大小 15厘米～17厘米（含尾羽）

美丽的外表却为自己招来了杀身之祸。

被捕杀的原因除了它那美丽的尾羽外，还与当地一个荒诞的传说有关：据说用雄鸟的心脏可以做出让对方爱上自己的药。

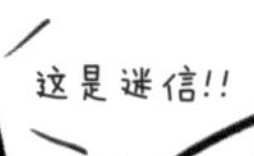

而且由于森林的乱砍滥伐和耕地的过度开发，叉扇尾蜂鸟的数量持续减少……

让鸟和人类都痴迷的尾羽究竟有何秘密？

分类 鸟纲 · 蜂鸟科

食物 花蜜

栖息地 秘鲁

世上那些长长的……

叉扇尾蜂鸟

长长的尾羽前端是两片球拍状的羽毛。

通过伸缩长长的舌头，每秒可舔食花蜜多达十三次。

而且它可以自由操纵这两根尾羽。

双拍战法！

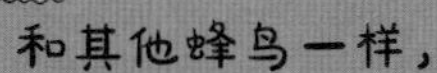

和其他蜂鸟一样，擅长在空中悬停。

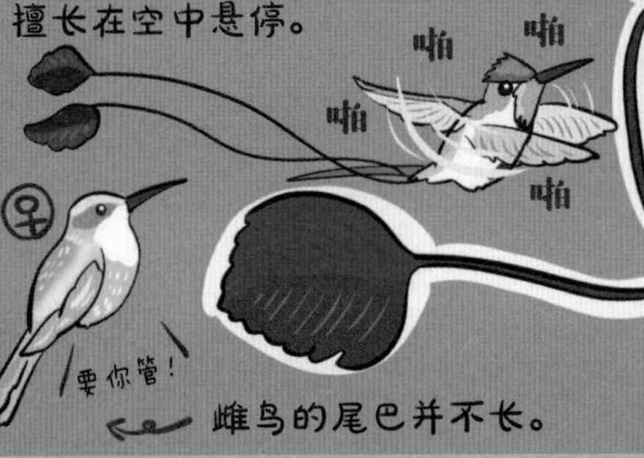

雌鸟的尾巴并不长。

雄鸟晃动尾羽，在空中跳起华丽的舞蹈来吸引雌鸟！

但是，即便是拥有优美的舞姿，也可能碰壁……

这漫漫长夜……

野鸟深山里，尾垂与地连。漫漫秋夜冷，只恐又独眠。※

千古名诗由此诞生……（假的）

※释义：这漫漫长夜就像山中野鸟那长长的尾羽，孤独的我能否安眠呢……

食蟹猕猴

如果想要手机就拿螃蟹来换吧！

住在东南亚森林里的高智商猴子

一种生活在沿海森林或红树林中的猴子。它们结群而居，属于杂食性动物，常以螃蟹、昆虫、蜥蜴、植物果实等为食。智商较高，生活在公园、寺院等有人类活动区域的猴子甚至可以与人类交流。

大小 40厘米～60厘米

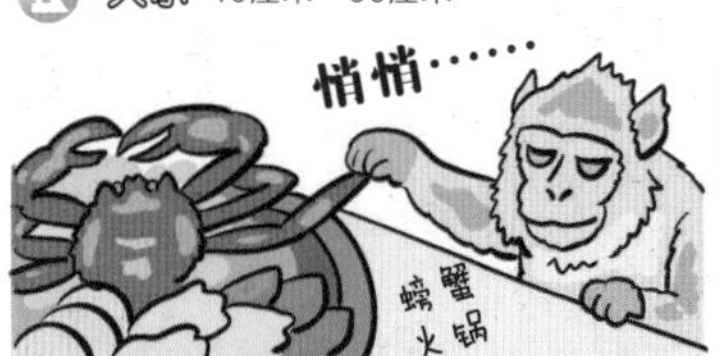

生活在印度尼西亚巴厘岛寺院里的食蟹猕猴会偷游客的东西。

坏笑

是我的了！

啊？！

我就不客气了！

猴子们的目的是……

分类 哺乳纲 · 猴科　**食物** 螃蟹、昆虫等　**栖息地** 东南亚等地区

猴子的生意

食蟹猕猴

这是一种生活在东南亚的猴子。其中，住在巴厘岛寺院内的猴子特别擅长“盗窃”。

顾名思义，这种猴子爱吃螃蟹！

也会吃中国鲎（hòu）！

食蟹猕猴是杂食性动物。除了螃蟹，还会吃昆虫、青蛙、植物果实等。

它们的行窃目标可不仅限于眼镜、帽子……

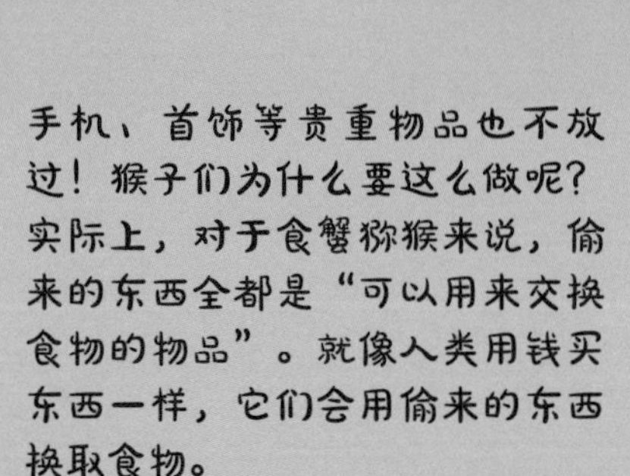

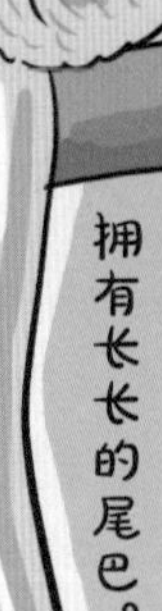

手机、首饰等贵重物品也不放过！猴子们为什么要这么做呢？实际上，对于食蟹猕猴来说，偷来的东西全都是“可以用来交换食物的物品”。就像人类用钱买东西一样，它们会用偷来的东西换取食物。

对于巴厘岛的食蟹猕猴来说，每种偷来的物品都有其相应的价值（猴子的标准）。直到拿到满意的“赎金（食物）”，它们才会归还物品。

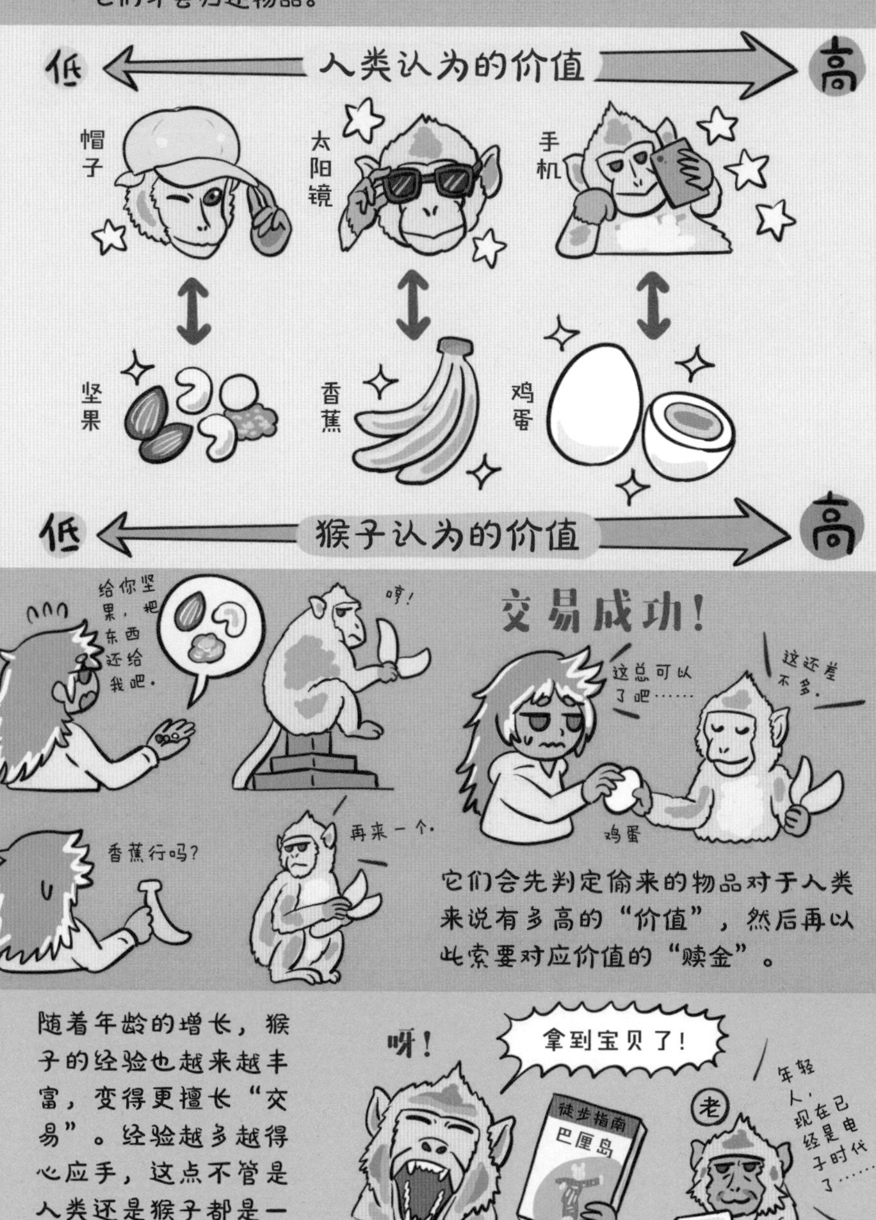

它们会先判定偷来的物品对于人类来说有多高的“价值”，然后再以此索要对应价值的“赎金”。

随着年龄的增长，猴子的经验也越来越丰富，变得更擅长“交易”。经验越多越得心应手，这点不管是人类还是猴子都是一样的。

暴饮暴食的食蟹猕猴走向了……

猴子们不断从人类那里获取食物，就难免“玩过火”。在泰国曼谷的市集上，一只奇胖无比的猴子引起了人们的热议。

咚

这只猴子名叫“哥斯拉”！自从被人类收养后，就变成了集市店家的“招牌”。客人和路人经常给它投喂食物，结果由于吃得太多，这只猴子的体重急速增长！

人们担心过度肥胖会影响哥斯拉的健康，据说哥斯拉现在已由政府收养，并且正在通过控制饮食的方法减肥。

猴子们过分依赖人类投喂已经成为一个社会问题。而随着游客的减少，这个问题变得更加严峻。

游客锐减让猴子们很难轻松获取食物。

极度的饥饿让一些猴子变得易怒且极具攻击性。

曾与人类无限亲近且备受喜爱的食蟹猕猴，和人类的关系正慢慢产生裂痕。希望人们能以此为契机，重新审视人类与动物之间的相处模式。

普通䴓

绝招！在信息社会顽强生存的鸟儿

在山野中十分常见的可爱小鸟

一种比较常见的鸟类，大小如麻雀，广泛分布于亚洲、欧洲等地。普通䴓（shī）独自生活，一般在树洞中筑巢而居。它是一种杂食性鸟类，以昆虫、树的种子和果实等为食。

大小 11厘米

分类 鸟纲 · 䴓科　食物 昆虫、种子、果实等　栖息地 亚洲、欧洲等地

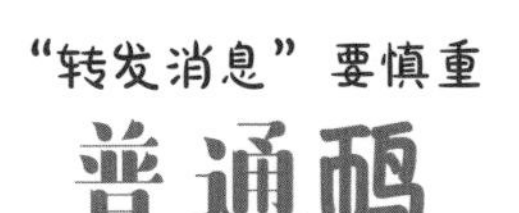

“转发消息”要慎重

普通䴓

发微博

当普通䴓发现天敌（猛禽等）时，会通过鸣叫发出警报。其他的鸟在听到“敌人来了”的警报声后，就会立即“转发”。通过实验，人们发现了令人意外的事。

实验人员在森林中设置好扩音器，然后播放了四种不同的声音。

①雕鸮（xiāo）的叫声。

（危险等级：低）

②猫头鹰的叫声。

（危险等级：高）

③黑顶山雀发出的低级别警报声。

④黑顶山雀发出的高级别警报声。

在听到这四种不同的声音后，普通䴓做出了不同的反应：听到①时，发出了低声鸣叫；听到②时，发出了高声鸣叫（发消息）；而在听到③和④后，却用中等音量的鸣叫完成了“转发”。

研究人员发现，相比自己亲耳“听到”的信息（①和②），普通䴓在处理从“别人口中”得到的信息（③和④）时更加慎重，因为从“别人口中”得到信息往往难辨真伪。

对于“不知真假、模糊不清的信息”，普通䴓会慎重处理。在真假信息混杂的当下，我们是不是也该向普通䴓学习呢？

世界上唯一一种不能飞的鹦鹉

一种新西兰特有的鹦鹉，也被叫作“猫面鹦鹉”。不会飞翔，但擅长攀爬。以植物的果实和种子为主要食物，偶尔也会吃虫子。寿命可达五十年以上，是一种非常长寿的鸟。

因为搞笑的行为非常多，所以人送绰号“派对鹦鹉（Party Parrot）”。

大小 60厘米

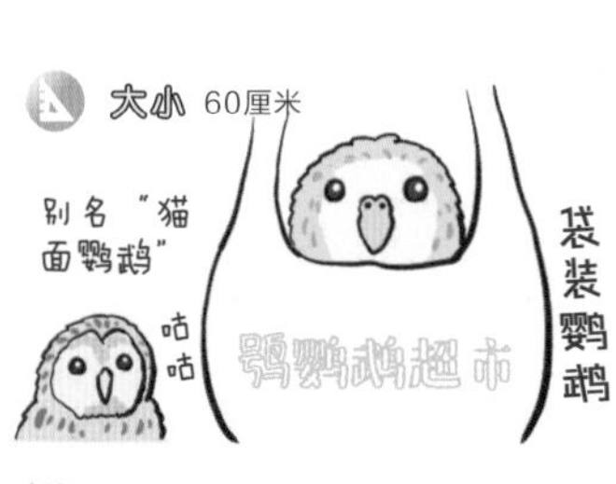

分类 鸟纲 · 鹦鹉科　　食物 果实等　　栖息地 新西兰

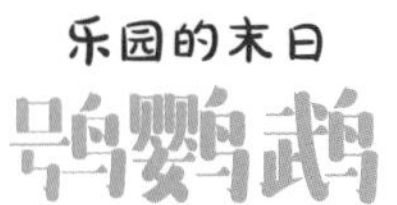

乐园的末日
鸮鹦鹉

背部绿色的羽毛可以让它很好地隐藏在树木和草丛之中！

只有从树上下来时才会使用翅膀。

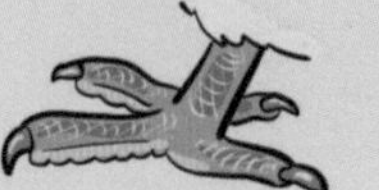

瓜子十分强壮，一天可行走几千米。

危在旦夕！鸮鹦鹉的故事

很久以前，鸮鹦鹉生活在一个乐园般的森林里。由于鸟类的天敌比较少，所以它们在进化过程中，生活变得越来越悠闲。

直到人类来到了岛上……

为了获得鸮鹦鹉的肉和羽毛，他们不断砍伐森林。

被人类带到岛上的动物也是十分可怕的捕食者！

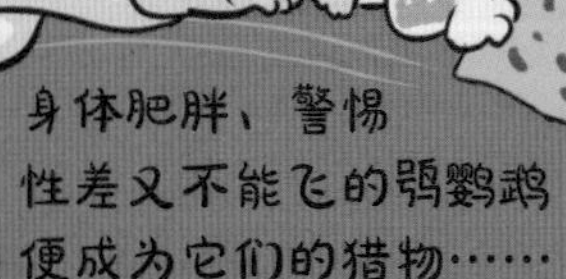

身体肥胖、警惕性差又不能飞的鸮鹦鹉便成为它们的猎物……

而乘着人类的船只来到岛上的老鼠，则把这片乐园完全变成了“地狱”！

它们贪婪地吞食着鸮鹦鹉的卵和雏鸟，使得鸮鹦鹉的数量急剧减少。

截至1995年，世界上仅存

只鸮鹦鹉……

简直就是濒临灭绝、危在旦夕……

为了拯救被人类和捕食者逼到快要灭绝的鸮鹦鹉，人们采用了先进的科技手段！
其中之一就是采用3D打印技术制作智能蛋。
把真正的卵从鸮鹦鹉的巢穴中转移至安全的地方，然后进行效率更高的人工孵化。
SMART EGG
简称『智能蛋』？
智能手机
哇～
被摸了～
暖烘烘
好暖和呀～
孵蛋期间，人们会把智能蛋放进鸟巢。
我知道呀。
我是鸟蛋，不是机器。
智能蛋会模拟卵的温度，感知到智能蛋的温度后，鸮鹦鹉便会把它当作真正的卵从而开始孵化。当真正的雏鸟孵出以后将其放回鸟巢，育雏活动就可以开始了。
妈妈～
要好好长大。
嗯？啥时候孵出来的？算了……
吸溜 吸溜
好吃好吃。
特殊情况下，雏鸟需要人工养育，或让没有孩子的其他鸮鹦鹉代为抚养。投入技术、时间和爱心，是拯救鸮鹦鹉的唯一途径。
妈妈～
这个……我不记得生过你呀？算了……

为了保护鸮鹦鹉，人们还采用了很多其他高科技手段。

发射器

可以随时监控鸮鹦鹉的位置和健康状况！

无人机

将雄鸟的精子运送至更远的地方进行人工授精。

走路需要很久，但用无人机就几分钟。

智能饲料台

给我吃的。

不能给你吃！

感知体重。当标准体重的鸮鹦鹉出现时，饲料锁就会打开（目的是控制它们的体重）。

嘭

你可以吃了。

在人们的不断努力下，鸮鹦鹉的保护活动终于结出了硕果。自二十多年前保护活动开始以来，截至2019年，鸮鹦鹉的现存数量已回升至208只！

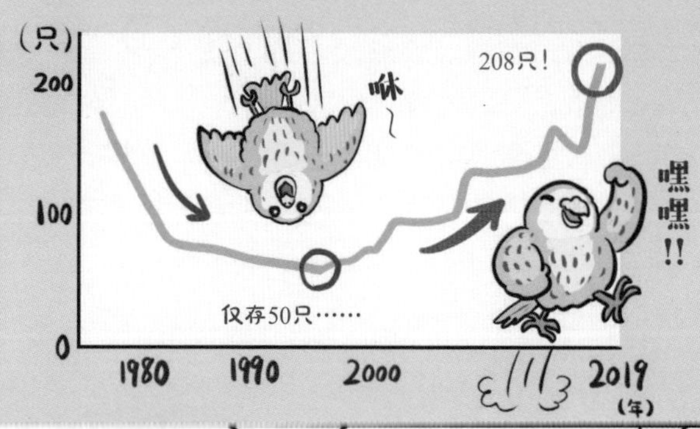

然而，要想让鸮鹦鹉摆脱灭绝的命运，现在的数量还远远不够。鸮鹦鹉能否重回自己的“乐园”，与人类的行为密切相关。

想要增加鸮鹦鹉的数量可真不容易啊～

是啊，毕竟鸮鹦鹉的繁殖期几年才有一次……

好像与它最喜欢的陆均松果实的丰收季是同步的。

世界上最危险的鸟

一种以热带森林为主要栖息地的大型鸟类，体重可超 50 千克。不会飞翔，但强劲有力的双腿让它们十分善于疾走、跳跃和踢踹。鹤鸵不挑食，植物果实和昆虫都是它的食物。

锋利的爪子猛地一击，便可以轻松将敌人踢倒！曾有一名鹤鸵饲养员因遭到鹤鸵的攻击而丧命。

那么这只“猛禽”究竟性格如何呢？

大小 1.2米～1.7米

出现在日本江户时代的画作中。

分类 鸟纲 · 鹤鸵科　食物 果实、昆虫等　栖息地 澳大利亚、新几内亚等地

吞火大鸟
鹤鸵
大大的角质冠
由雄鸟抚育雏鸟。
鸟蛋呈淡绿色。
鲜艳的皮肤加上颈部火红色的肉垂，让它有了“食火鸡”的别称。
啊……
双足强壮有力，奔跑时速可达50千米，跳跃高度可达2米！每只爪上有三根脚趾，位于最内侧的脚趾长有长达10厘米的趾甲，锋利如刀刃！
雏鸟
晃晃
摇摇
我要把你切成段！
强壮的双足和锐利的爪子甚至可以取人性命！
不过，一般情况下鹤鸵还是比较温顺的。
只有当感到自己或雏鸟有危险时才会主动发起攻击。
爸爸给你削个苹果吧！
不要~
鹤鸵非但不是夺命之鸟，反而是散播生命的鸟。正因它们把植物的种子携带到各处，才创造出了更加广袤的森林……

无敌刺针真的无敌？

刺猬是一种昼伏夜出的动物，白天睡觉，晚上捕捉猎物。在欧洲有一个传说，如果家中有刺猬到访，则意味着幸福即将来临，所以刺猬在欧洲很受人们的喜爱。

喂食太多容易让刺猬变胖。

刺猬周身遍布着如刺针般坚硬的毛发！一旦进入防御状态，便会让敌人无从下手。虽然拥有看似无懈可击的防御手段，但也会陷入意想不到的困境……

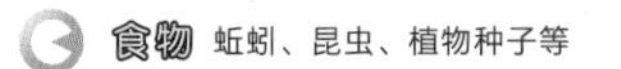

栖息地 欧洲、亚洲等

骤减

世界上刺猬的数量正在大幅减少！据2018年英国某项调查结果显示，如今刺猬的数量只有1995年刺猬数量的三分之一……

刺猬数量急剧减少的原因之一就是獾的增多。凭借长长的爪子和有力的前肢，獾可以轻轻松松把处于防御状态的刺猬“撬开”吃掉，可谓刺猬的“最强天敌”。

如果你看到了被吃干净的刺猬遗骸，那么多半就是獾干的。

对于刺猬来说，獾也是与它争夺食物（虫子等）的竞争者！可以说在獾比较多的地区，毫无刺猬的立足之地……

刺猬的减少与环境变化也有着很大的关系……

刺猬的英文名称“hedgehog”可直译成“篱笆(hedge)下的猪(hog)”。据说是因为刺猬可以发出猪一样的声音，而且会在篱笆下来回穿梭而得名。

然而，篱笆墙现在大多已被水泥墙取代，刺猬们再也无法自由穿行……

此外，交通事故也给刺猬的生存带来了威胁！据数据显示，每年有一万多只刺猬死于交通事故，真是太可悲了……

有些国家还有专门提醒司机注意刺猬的路标……

由于人类的活动而受伤、死亡的刺猬屡见不鲜！

此外，森林砍伐和耕地开发导致刺猬的栖息地越来越少，生存环境恶劣。

有研究称，只要有足够的食物，刺猬和獾也是可以和平共处的。为了让“幸福的象征”——刺猬能够继续幸福地生活下去，人类需要改进的地方还有很多呀。

一群小刺儿头

刺猬一出生就长着刺吗

刺猬一胎可以产下3～4只幼崽。

刚出生的小刺猬，毛刺外侧会被一层体液包裹，所以不会扎伤刺猬妈妈。

苍耳
（别名：牛虱子等）

约2.5厘米

仿佛看到了以前的自己。

出生2～3天后，刺才会变得坚硬（约5毫米）。

出生后约六周，小刺猬的刺全部发育完成。刺的发育情况也是小刺猬是否健康成长的标志。

不会只是被吃，来看刺猬的反击

凭借自己的独特能力，大耳猬成为沙漠中的优秀猎手。

大耳猬长着一对大大的招风耳，它们通过扇动耳朵给身体降温。

它们会捕食昆虫和蜥蜴。就算十周不吃东西也能存活。

刺猬波特

不要斯莱特林……

具有耐毒性，即便是毒蛇的毒牙也不怕。

有时甚至会以毒蛇为食！

浑身的尖刺可不是虚张声势，它是一位驰骋沙漠的勇士。

河狸

绝招！ 可以改变河流走向和生活环境的门牙

破坏再重建，自然界的著名建筑师

河狸分为美洲河狸和欧亚河狸两种。它们是老鼠的近亲，生活在水边，以植物为食。门牙大而坚固，可以啃咬树干、树枝等用来修建水坝，改善自己的生活环境。

大小 1米

在加拿大国立公园，有世界上最大的河狸水坝。堤坝由河狸建造，长度将近850米。

大到甚至可以从太空中看到它。

这座巨大的河狸水坝的历史，最早可追溯至20世纪70年代，由数代河狸经过长达半个世纪的辛苦劳作方才建成。河狸们为什么要建造水坝呢？

分类 哺乳纲 · 河狸科　食物 草、树皮、树叶等　栖息地 北美、欧洲

森林里的勤劳工匠

河狸

虽然河狸在陆地上的行动缓慢又笨拙，

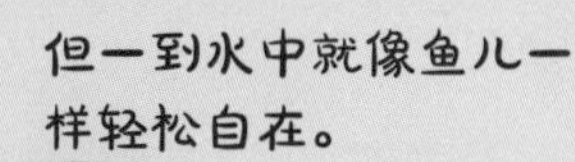

但一到水中就像鱼儿一样轻松自在。

拥有修整栖息环境的独特能力。

船桨形的尾巴、带蹼的宽大后足可以让河狸以每小时8千米的速度在水中行进（相当于人类慢跑的速度）。

强有力的牙齿和下颌可以将树干咬断。它们将树枝和泥巴堆积起来建造水坝，甚至可以在草原或森林中建一片池塘！

河狸居住在半圆形的巢穴中，这个“小木屋”也是用树枝和泥巴搭建的。

为了躲避天敌，“小木屋”的入口在水下。

水坝的出现，使周围的生态系统变得更加完善且多样。因此，河狸被人们称为“自然界的工程师”。

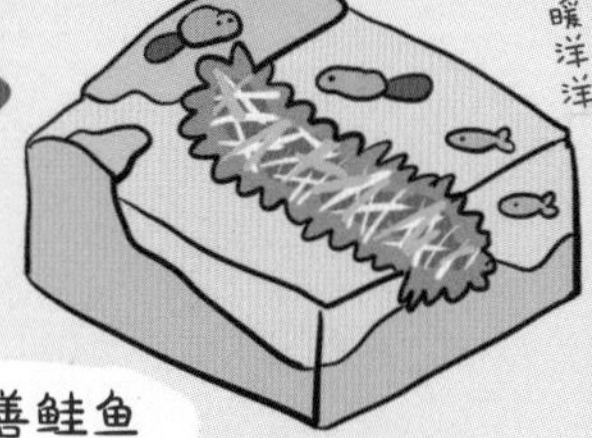

水坝可以使河川中水流的速度变缓。

还可以改善鲑鱼等鱼类的生活环境。

还为各种各样的动物提供了水上通道。

通过野外定点相机，人们观察到，很多野生动物每年都会在水坝上通行数次。

有研究称，河狸水坝对防止森林火灾蔓延也作出了贡献。位于河狸水坝和池塘周围的树木含水量较高，相当于为附近的动植物建造了一道“天然防火墙”。

在近几年发生的大规模森林火灾中，河狸所建造的建筑有效阻止了火势的进一步蔓延。或许，河狸不仅仅是森林的“建筑师”，更是森林的“守护神”。

对于河狸来说，建造水坝是与生俱来的本领，是一种本能行为。

那些被保护机构收养的河狸，即便没有其他河狸教导，也会使用房间里的东西来建造“水坝”。

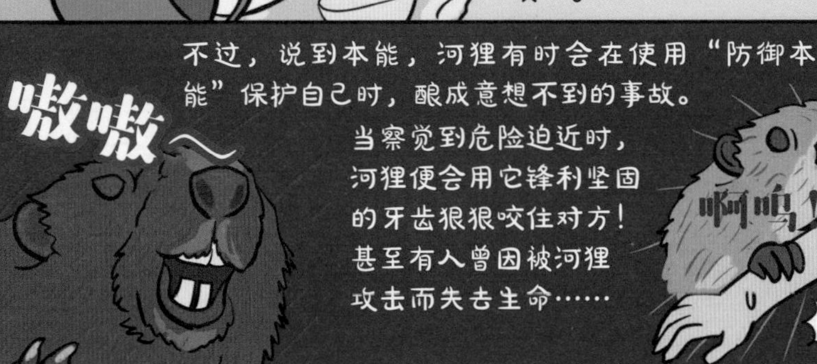
不过，说到本能，河狸有时会在使用“防御本能”保护自己时，酿成意想不到的事故。

当察觉到危险迫近时，河狸便会用它锋利坚固的牙齿狠狠咬住对方！甚至有人曾因被河狸攻击而失去生命……

尽管如此，河狸也不能算作一种凶猛的动物，这种攻击行为说到底只是一种本能反应。在动物世界中，只有人类和河狸才会“为了让生活更安心而修整周遭环境”。我们和河狸都是创造性的动物，应该彼此尊重。

幽灵蛛

今日天气，多云转……蜘蛛？！

在空中飞翔的蜘蛛其实是普通蜘蛛

两个世纪前，一只小小的蜘蛛登上了某位生物学家乘坐的船。原本生活在田野和森林中的蜘蛛，竟然是通过在空中飞翔不断扩大栖息地的。近年来，研究人员终于弄清楚了蜘蛛在空中飞翔的方法。

大小 几毫米至2.5厘米

刚才我们提到的生物学家，你知道是谁吗，就是大名鼎鼎的达尔文。

蜘蛛到底是如何在天上飞的呢？

 分类 节肢动物  食物 小型昆虫等 

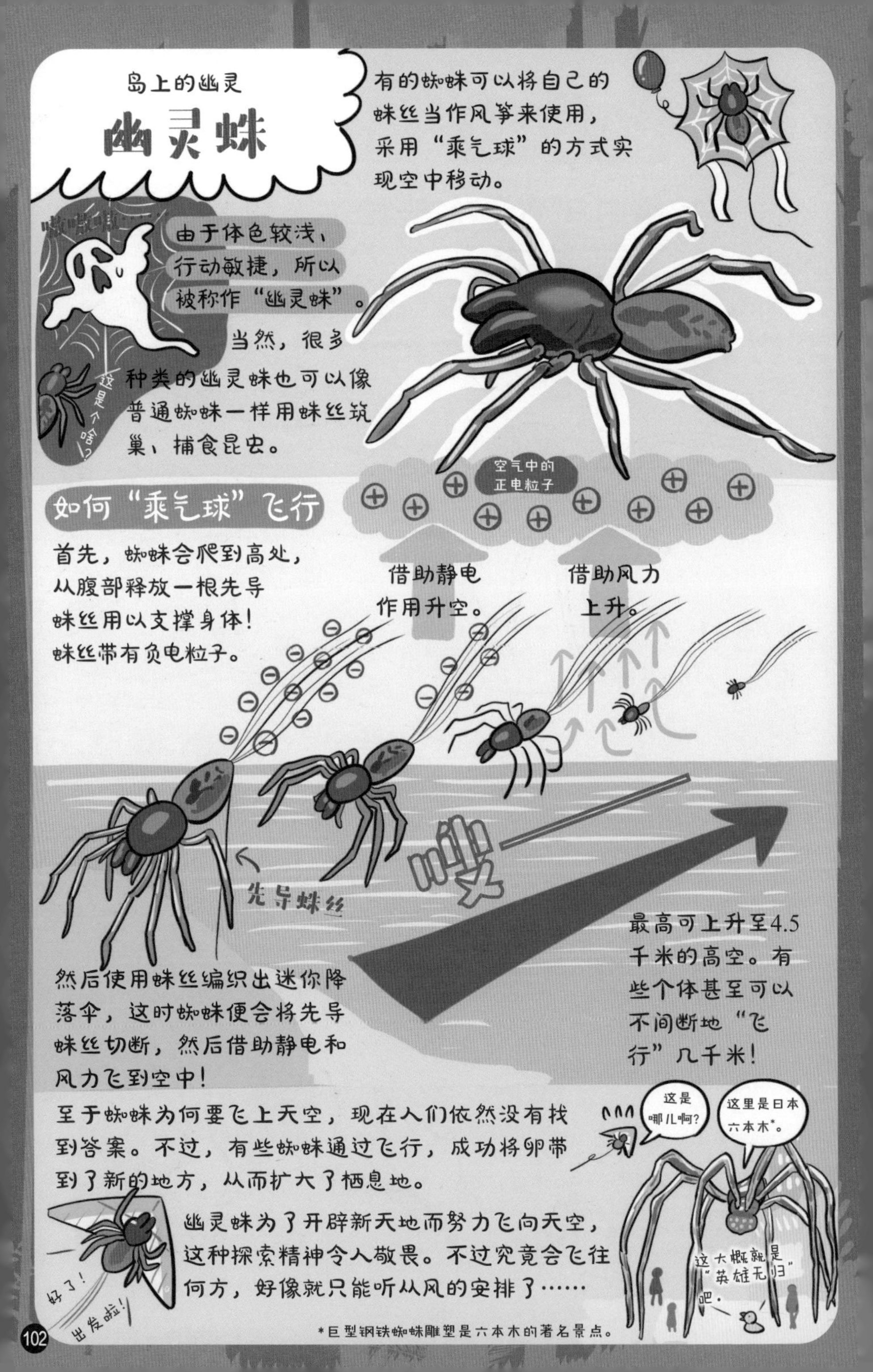
岛上的幽灵
幽灵蛛
有的蜘蛛可以将自己的蛛丝当作风筝来使用，采用“乘气球”的方式实现空中移动。
由于体色较浅、行动敏捷，所以被称作“幽灵蛛”。
当然，很多种类的幽灵蛛也可以像普通蜘蛛一样用蛛丝筑巢、捕食昆虫。
这是个啥?!
如何“乘气球”飞行
空气中的正电粒子
首先，蜘蛛会爬到高处，从腹部释放一根先导蛛丝用以支撑身体！蛛丝带有负电粒子。
借助静电作用升空。
借助风力上升。
先导蛛丝
嗖
然后使用蛛丝编织出迷你降落伞，这时蜘蛛便会将先导蛛丝切断，然后借助静电和风力飞到空中！
最高可上升至4.5千米的高空。有些个体甚至可以不间断地“飞行”几千米！
至于蜘蛛为何要飞上天空，现在人们依然没有找到答案。不过，有些蜘蛛通过飞行，成功将卵带到了新的地方，从而扩大了栖息地。
这是哪儿啊？
这里是日本六本木*。
幽灵蛛为了开辟新天地而努力飞向天空，这种探索精神令人敬畏。不过究竟会飞往何方，好像就只能听从风的安排了……
好了！
出发啦！
这大概就是“英雄无归”吧。
*巨型钢铁蜘蛛雕塑是六本木的著名景点。

叶尾壁虎

绝招！

发生在马达加斯加岛的奇妙进化

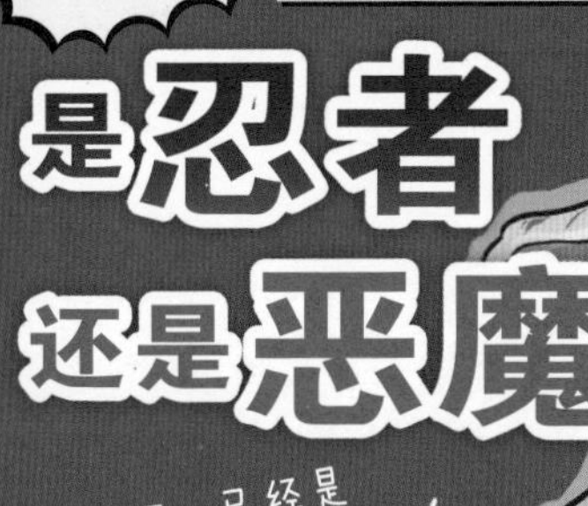

为何会有这样的外形？！

啊，已经是深秋了啊。

13:17/ 37:15

潜伏在马达加斯加岛上的拟态壁虎

一种栖息在马达加斯加岛上的壁虎。身体的颜色和纹路独具特色，看起来就像是枯树叶。这种拟态能力可以使它很好地融入自然环境，既可以躲避天敌，又能够为自己捕食猎物提供伪装。

大小 7厘米～10厘米

咬咬

完美模拟枯树叶，甚至尾部边缘都呈锯齿状，仿佛被昆虫咬过一样。

疼死啦！

分类 爬行纲 · 壁虎科 食物 昆虫等 栖息地 马达加斯加岛

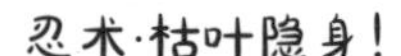

叶尾壁虎

因长相怪异，看上去十分吓人，还被当地人称作“恶魔使者”。

眼镜上方带有棘状凸起。

夜行性动物，生活在树上。

血盆大口

一张长着双翅的叶尾壁虎照片在网上引起了轩然大波。这张合成照片的标题为“见到火龙了”。

叶尾壁虎高超的“伪装技术”，不禁让人猜想它们是不是为了藏身于林，才将身体各部位伪装成树叶的。

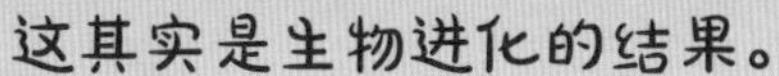

善于伪装的壁虎更容易躲避天敌和捕获猎物，所以才有更多的机会生存、繁衍。

人们认为，这种不断重复的自然淘汰是叶尾壁虎进化得越来越像树叶的主要原因。

特别是像马达加斯加岛这种四面环海、相对封闭的环境，更容易发生进化。

发生神奇进化的“实验室”，非岛屿莫属啊。

黑美狐猴

虫虫给的快乐

意外!!

耶～

马陆的毒素有很大的作用?!

13:17/ 37:15

生活在马达加斯加岛的黑色狐猴

雄性毛发呈黑色，雌性毛发呈褐色。群居于马达加斯加岛的森林里。以水果、昆虫等为食，是一种杂食性动物。狐猴的吻部一般比较突出，尾巴很长，因形似狐狸而得名。

分类 哺乳纲 · 狐猴科　食物 水果、昆虫等　栖息地 马达加斯加岛

神奇的醉酒传说

黑美狐猴

栖息于马达加斯加岛西北部的狐猴。

雌性毛发呈红褐色，耳朵四周长着白色的长毛簇。

雄性则通体黑色。

5～15只群居生活，雌性担任族群的首领。

幼崽会紧紧地抱着母亲。

尾巴又粗又长。

马陆被狐猴咬过后会释放毒素。

但马陆的毒素却无法伤害狐猴！

狐猴会将马陆的毒素涂抹在自己的皮毛上，用来驱赶寄生虫。

对于狐猴来说，马陆的毒素就如同防虫喷雾。

另外，人们还发现了马陆毒素对狐猴的另一个用处——“买醉”！

少量“饮用”马陆毒素可以使狐猴陷入眩晕状态，心情也会变得很好……

就像木天蓼（liǎo）对猫的作用。

被用完之后的马陆大多会被毫发无伤地放走……

乍一看比较恐怖的生物，狐猴却能从中找到隐藏的“快乐”，从此享受“猴生”。

低地条纹马岛猬

我是音乐家♪有条纹的马岛猬♪

我可不是刺猬，我是马岛猬

这是位于非洲东南部马达加斯加岛上特有的动物，杂食性，多以昆虫、水果等为食。它们可以用尖刺一样的毛发保护自己，也会挖洞躲藏。

虽然外表长得很像刺猬，但从基因上来看，却与大象和儒艮（gèn）更接近。

大小 15厘米

低地条纹马岛猬有什么特殊技能吗?

分类 哺乳纲・马岛猬科

食物 小动物、植物

栖息地 马达加斯加岛

刺针也能发电报

低地条纹马岛猬

拥有黄黑相间的独特刺针，用途广泛。

脖子附近的刺针带有倒钩，可以很轻易地扎进敌人的皮肤，并且轻松从自己身上脱落。

在危机四伏的马达加斯加丛林中，如果低地条纹马岛猬和同伴或父母走散了，该怎么办呢？

低地条纹马岛猬的背部有15根短而粗的刺。这些刺针排列紧密，相互摩擦可以发出尖锐的吱吱声。

通过这种高频的声音，可以安全地向远处的幼崽或同伴“发电报”。

和蟋蟀、铃虫等昆虫通过摩擦翅膀发出声音是同样的原理。然而在哺乳动物中，拥有这项技能的却只有低地条纹马岛猬。

绝招！

美洲角雕

亚马孙雨林里的霸王之翼

最强之鹰

？

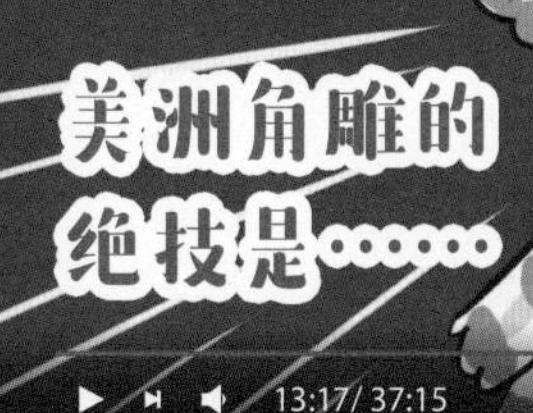

13:17/ 37:15

中南美亚马孙热带雨林里的无敌之鸟

墨西哥和巴西热带丛林里最凶猛的禽类。体重可超 10 千克，是最重的鹰。它们会在十分高大的树木上筑巢、产卵、育雏，雏鸟全身呈白色。

可以捉走体重6千克的树懒并轻松完成空中运输。

不挑食，犰狳、小鹿甚至猴子，都是它的猎物。

呜哇！

即便是浑身长满刺的豪猪也照样被轻松捕获。

扎 扎

疼疼疼！

啊啊~

让我们来看看这个“最强之鹰”的绝招吧。

鹰之奥秘
美洲角雕
又叫哈比鹰，源自希腊神话中的鹰身女妖哈比。
一个上半身是女性的鹰身怪物。
瞄
因脸部四周的羽毛形似扇子，有的地方也叫作“扇雕”。
舒展头羽可帮助收集声音，以便搜寻猎物……
巨大的利爪不输棕熊！
绝招！
鹰爪攻击
唰！
抓握力在猛禽中排名第一。
羽翼较短，在茂密的森林中也能高速飞行。
嗖
绝招！
一站直达
咔
然而，“最强之鹰”也有弱点。当树懒被逼至绝境时，有时也会对角雕发起反攻！
不过，最大的威胁来自人类对森林的过度砍伐。
观测塔
今天又吃犰狳吗？
还敢挑食！
现在，人们正在努力改善这些问题。对美洲角雕的保护活动越来越多，有的甚至还能带来旅游收益。
空中王者俯瞰的“王国”能否被保住，就看人类的表现了……

Zootube 动物园视频

印度跳蚁

离奇！

阁下也要丢点大脑啊

竟然有这种蚂蚁?!

有些蚂蚁可以改变脑部的大小?!

女王陛下，这是您的新大脑。

13:17/ 37:15

神奇蚂蚁的王位争夺战

一种栖息在印度平原上的蚂蚁，拥有钳子般的大颚。和其他品种的蚂蚁一样，印度跳蚁也是群居生活，蚁群中有蚁后、工蚁之分。不同的是，印度跳蚁会为了争夺蚁后宝座而展开复杂的行动。

一对大大的眼睛和像锹甲一样的大颚。

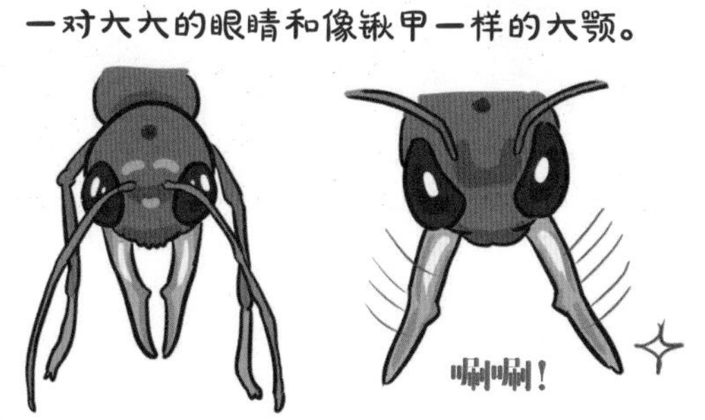

大小 2.5厘米

可以跳跃至体长四倍多的远处捕捉猎物，因此得名“跳蚁”。

 分类 昆虫纲 · 蚁科　 食物 小昆虫等　栖息地 印度

大脑更换机

印度跳蚁

在大多数品种的蚂蚁中，蚁后在出生时就已经确定了。

蚁后以外的其他雌性工蚁则不具备繁殖能力。

爱卿平身。

女王殿下。

女王陛下的宠蚁

然而，在印度跳蚁中，每一只工蚁都有机会成为“女王”！

*工蚁是不具备繁殖能力的雌性。

蚁后死后，一场王位之争在所难免！

女王宝座争夺战异常激烈！蚁群中70%的雌性蚂蚁都可能参战，简直是一场“大混战”。

冲 啊啊啊 啊啊啊

锋利的颚部如同尖枪，参战者相互攻击决出胜负。战争往往十分漫长，最长可持续40天……

在斗争中取得胜利的工蚁会像蚁后一样拥有繁殖能力，科学家将它们称为“生殖工蚁（gamergate）”。

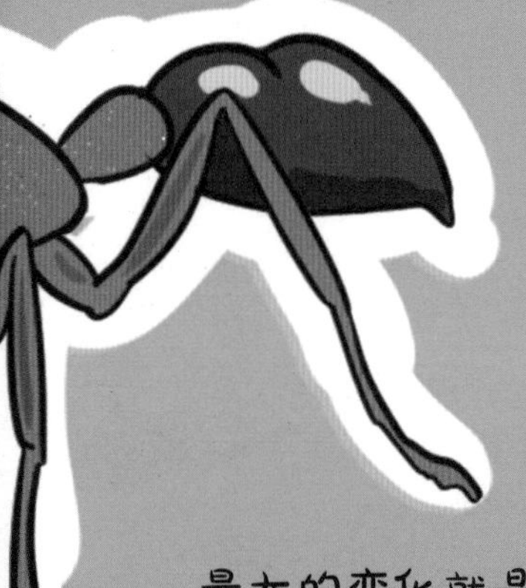

获胜的生殖工蚁体内会发生很多变化。

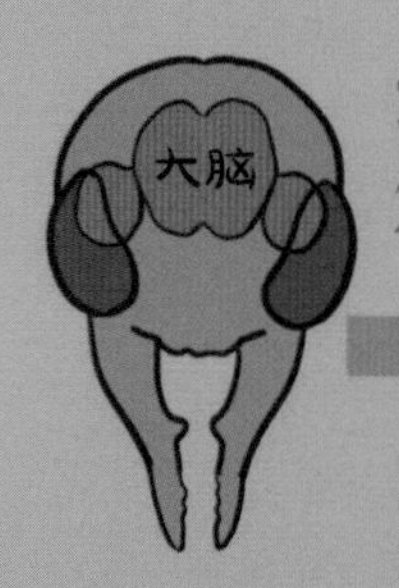

缩小
20%

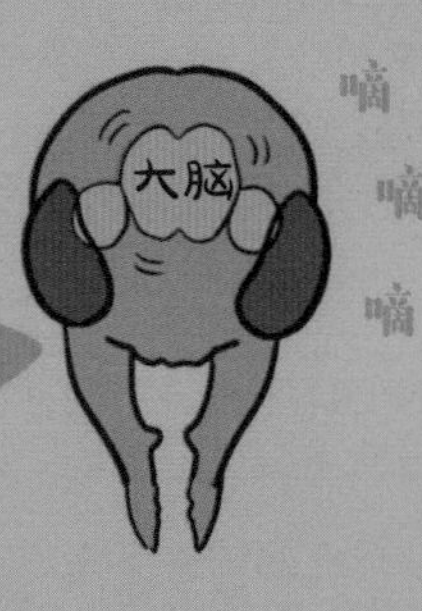

最大的变化就是大脑的体积会缩小！
特别是掌管视觉的视叶区域，萎缩得尤为严重。

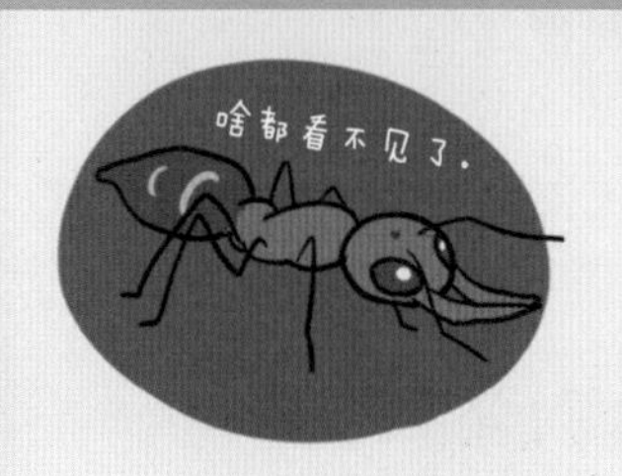

而且，工蚁时期的狩猎能力也会衰退。因为对于只负责在黑暗中产卵的蚁后来说，这些能力都是多余的。大脑萎缩的同时，卵巢的体积会增大为原来的五倍，以增强产卵能力。

运行大脑需要消耗大量的能量，所以研究人员认为，“削减”大脑中无用的部分，也是一种储存能量、维系生命的手段。

然而，印度跳蚁的大脑还有更多秘密……

→未完待续

更多秘密，关于印度跳蚁的大脑。

更令人震惊的是，缩小的大脑居然还可以“复原”！

研究人员试着将生殖工蚁从蚁巢中隔离出来。几周后，这只蚂蚁在身为女王时具备的身体机能全部下降。

当生殖工蚁被送回蚁巢后，它会立即被其他工蚁抓住，甚至会被连续拘留数天。

呜哇！

这种行为叫作“监管”，像是一种类似“关进监狱”的手段。

遭受“监管”的生殖工蚁，大脑会再度增大……

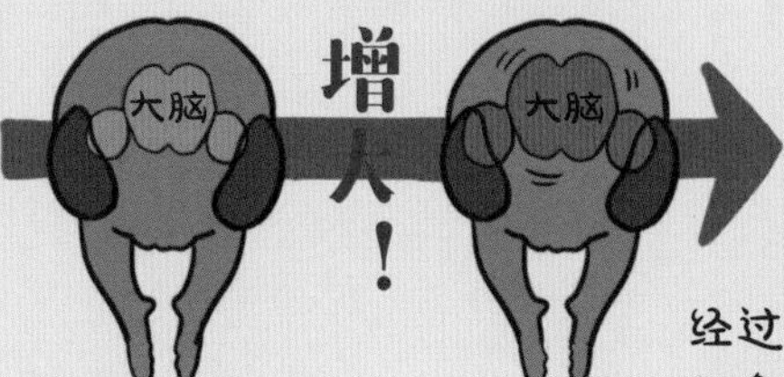

嘿嘿……

经过一段时间，就会变回普通工蚁了。

即便被赶下女王的宝座，也依然可以重新开始。

唉，真是黄粱一梦啊……

这种大脑增大或缩小的现象也发生在某些哺乳动物和鸟类身上。

例如鼩鼱（qú jīng），一种超小型的哺乳动物。

当冬天来临时，它们便会把大脑缩小，以节约身体能量。第二年春天，再将大脑恢复至原来的大小。

不过，改变大脑大小还是首次在昆虫界发现。这个领域依然存在着许多谜团，但随着研究的不断深入，相关技术在未来有可能运用在人体，“人类脑神经再生”也许不再是梦想。

最可怕的群体狩猎

主要栖息在寒冷地区，4～8只成员群居生活。它们是长跑健将，对猎物穷追不舍，可以一连奔跑几个小时，再以锋利的爪牙将猎物制服。即便是体形比自己大的野猪也能制服。

在团队合作中，不可或缺的就是沟通。嚎叫其实就是它们沟通的一种方式。如果有一只狼率先发出嚎叫，其他狼也会跟着叫起来。狼经常被视作“凶残”的代名词，它们的“日常生活”究竟是什么样的呢？

大小 1.5米

狼群的单位在英语中是“pack”。

分类 哺乳纲 · 犬科　食物 鹿、兔子等　栖息地 美国北部、欧亚大陆

碎冰游戏也很受欢迎。它们会站在结冰的湖面上，用前爪连续敲击冰面，直至将冰敲碎。

咚
咚
咔嚓
扑通

使用道具的游戏也很多。被人类丢弃或遗落的“神奇物件”尤其受欢迎。

不要咬得太用力。

这些游戏似乎是对体能的一种浪费，那狼为什么还要这么做呢？具体原因至今不明。

目前大家比较认同的说法是，这些游戏锻炼了狼的社交能力。年幼的狼能在不断玩耍中学习公平与协作，辨别什么事可以做、什么事不可以做，并逐渐融入群体生活。

不过，成年狼也同样喜欢“玩耍”。
也许玩耍本就没有什么目的，单纯是为了获得快乐。

可以请你跳一支舞吗？

曾有学者将人类称作“游戏的人（Homo Ludens）”，认为人类其实就是在各种“游戏”中不断进化的……看来，狼也是一种和人类十分相似的动物啊。

最强组合？狼与乌鸦

狼可以通过“游戏”来与同伴交流。但动物之间的交流有时会跨越物种，特别是狼和乌鸦，它们之间的联系非常密切。

几百年来，狼和乌鸦是历经数百万年共同发展起来的最佳拍档。

对于狼来说，乌鸦就像一双敏锐的眼睛。

发现动物尸体时，乌鸦会放声大叫。

狼慢慢意识到，发出声音的地方可以找到食物。

另一方面，乌鸦也能从中获利。
当发现动物尸体时，由于动物的皮毛比较厚，乌鸦无法靠自己的力量撕开厚厚的动物皮毛，食用里面的腐肉。
这时，如果能够请来拥有锋利爪牙的狼帮忙，乌鸦就能顺利分得一杯羹了。

对于狼来说，乌鸦就像是从小一起长大的玩伴，在彼此都还年幼的时候便开始了“交流”，建立了一种特别的信任。曾有人目睹过狼埋葬死去乌鸦的行为……

也许在动物的世界里，存在着人类不曾发现的友谊。

第3章

神秘莫测的海洋动物

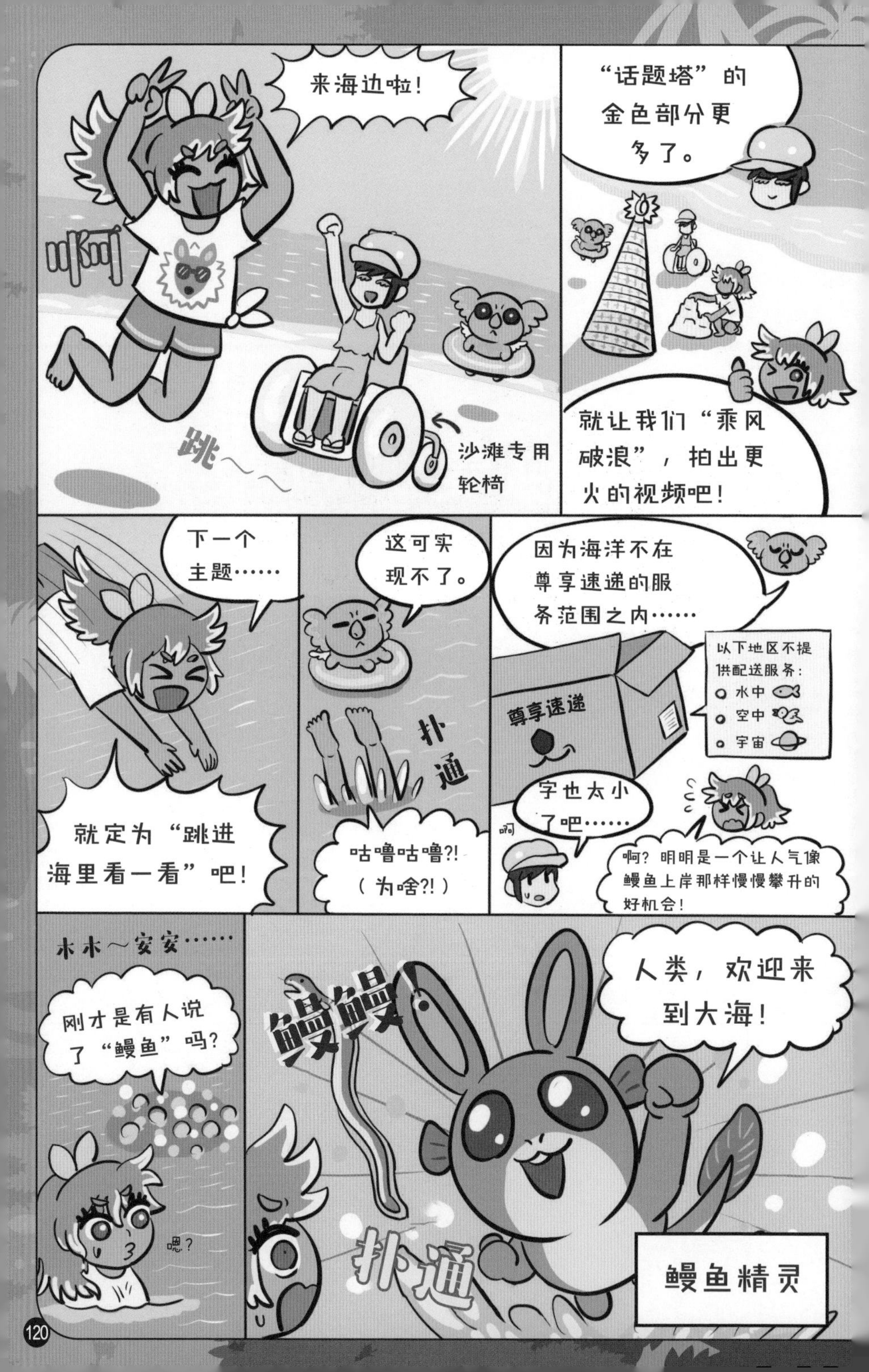

来海边啦！
啊
跳～
沙滩专用轮椅
“话题塔”的金色部分更多了。
就让我们“乘风破浪”，拍出更火的视频吧！
下一个主题……
就定为“跳进海里看一看”吧！
这可实现不了。
扑通
咕噜咕噜?!（为啥?!）
因为海洋不在尊享速递的服务范围之内……
尊享速递
以下地区不提供配送服务：
水中
空中
宇宙
字也太小了吧……
啊
啊？明明是一个让人气像鳗鱼上岸那样慢慢攀升的好机会！
木木～安安……
刚才是有人说了“鳗鱼”吗？
嗯？
鳗鳗！
人类，欢迎来到大海！
扑通
鳗鱼精灵

外面的空气可真清新呀。
这是考拉精灵的朋友吗？
不是不是。不过你就当它是吧……
懒得解释
听说人类正面临危机，所以我就来看热闹了……
哈哈！开个玩笑。我是来帮忙的啦！
你说的“帮忙”是用精灵的力量把我们送到海里吗？
哎～
就是说啊，现在的年轻人啊……
总是这么天真……
不过，可以实现！
哇……好厉害啊！
“有趣动物频道”现在将走进大海!!
是巨型海藻！
慢慢享受吧。
嘿嘿，这个“人情”以后你们再还吧……

海洋中充满了不可思议的事!!

海洋中至今仍有许多未解之谜。不过，随着科技的不断发展，通过在动物身上安装仪器采集数据等手段，海洋动物的神秘面纱正在被一点点揭开。神秘的大海充满了魅力，快让我们来瞧瞧这些海洋生物是怎样生活的吧!

高智商的白鲸居然可以……

白鲸是一种高智商动物，同伴之间可以进行持续交流。最近，白鲸们好像开始和其他物种交流了……

布满珊瑚的海洋里其实……

珊瑚色彩鲜艳，看起来非常漂亮。珊瑚丛生之处聚集着各种各样的海洋生物。这片生机勃勃之地会发生什么呢?

详情请见
p131

鲸群中的诸多“文明”

鲸的智商很高，在鲸群中有集体捕猎的“文明”。除此之外，鲸群中还存在一种“声音文明”……

海獭

毛茸茸的救世主

畅游于海藻之中、漂浮于大海之上的哺乳动物

海獭可以潜于水下捕食鱼类和螃蟹，也可以漂浮在水面使用石头敲击贝类来食用。它们生活在海藻丛生的大海中。

大小 1.2米

分类 哺乳纲 · 鼬科　食物 鱼类、贝类、海胆等　栖息地 美国、加拿大、俄罗斯等地

未来的钥匙就掌握在它们手里

海獭

海藻在海洋中构建了如同森林般的生态系统，为很多生物提供了栖身之所。

海胆是海藻的天敌！

如果海胆的数量过多，海藻就会被吃个精光。

不过，海獭可以帮海藻吃掉这些海胆。

在食物链中，像海獭这样的动物被叫作“基石物种（Keystone Species）”，它们起着十分关键的作用。

像是镶嵌在拱门最顶端的基石一样，一旦缺失，整个拱门都会坍塌……

哗啦

哗啦

也就是说，如果海獭不在了……

将会造成非常严重的后果！

20世纪70年代，在阿拉斯加阿留申群岛的海域里生长着茂密的海藻……

呜呜……

海胆的天堂！

海藻的地狱……

然而，受人类捕杀等诸多因素的影响，海獭的数量急剧减少。海胆的数量因此激增，把海藻吃了个精光，生态系统也因此濒临崩溃！

为了恢复被破坏殆尽的海藻，人们决定让海獭“复工”。
嗡～～
口水……
20世纪70年代，
加拿大西海岸重新引入海獭。
丰收
专吃一些高级货……
海胆
扇贝
咯吱咯吱
在海獭这个“贪吃鬼”被请回之初，曾遭到了当地渔民的反对……
但是，多亏了海獭捕食海胆，一度被海胆吃光的海藻得以恢复，藻群面积扩大为原有面积的二十倍！
由于海藻为各种各样的鱼类提供了栖身之所，当地渔民也获得了收益。
此外，慕名来观看海獭的游客也为当地带来了一定的经济效益。
放开我吧！
还有，海藻可以吸收二氧化碳，抑制海洋酸化，从而减少大气中的温室气体。
CO2
使海洋乐园免遭毁灭，用自身的魅力拉动经济，还可以减缓地球变暖……作为基石物种，海獭发挥着举足轻重的作用。打开地球未来之门的钥匙，就掌握在它们的手里。
疼疼！
咚

海獭皮毛的秘密

实际上，海獭是世界上毛发最密集的动物——全身毛发的总量居然有8亿根之多。人类的平均发量在海獭的毛皮上只能占1平方厘米。

海獭厚实的皮毛由两层组成。

外侧是长而硬的毛，含有脂肪，可以防水。内侧则是短而密的绒毛，可以储存空气并形成保温层，防止热量流失。
海獭需要一直漂浮在冰冷的水面上生活，多亏了既能保暖又能防水的厚实皮毛。

不过，这身皮毛也为海獭招来了杀身之祸。
19世纪末，为获取高品质的海獭皮毛，人类大量捕杀海獭，使海獭濒临灭绝……

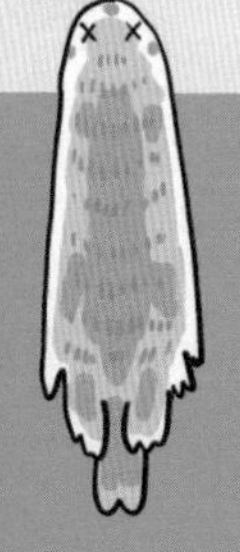

后来，国际上将海獭列入保护公约名录，然而海獭的数量依然没有恢复到稳定水平。

保护这个贪吃的“海洋守护神”是人类的重要任务。

变幻莫测的多彩乌贼

乌贼十分擅长捕猎，是海洋中繁盛的无脊椎动物（章鱼、贝类、海星等）之一。金乌贼生活在日本近海，凭借花样繁多的捕猎技巧，轻松捕食小鱼等猎物。

乌贼是智商非常高的无脊椎动物。

有时甚至会模拟寄居蟹，借此骗过猎物或天敌的眼睛。

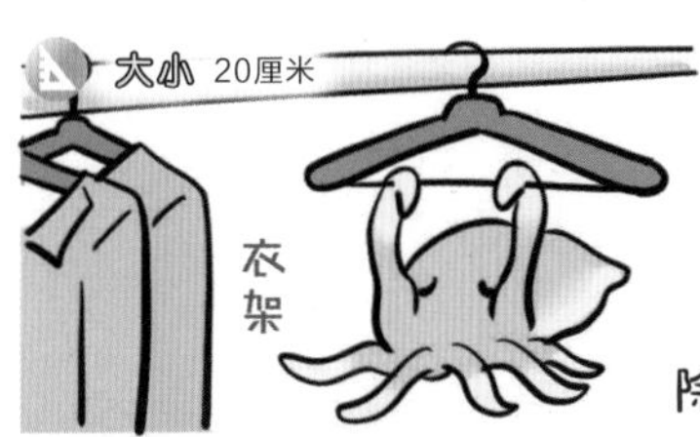

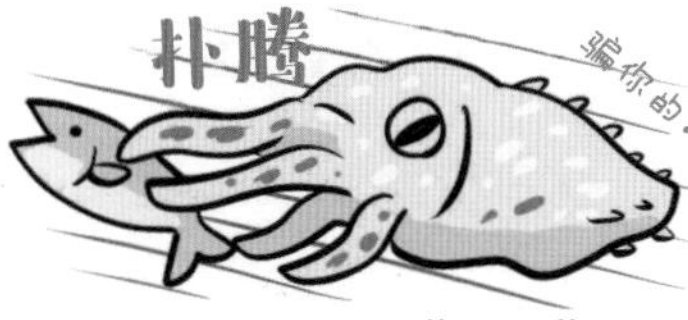

除此之外，它们还有更加高超的“骗术”……

分类 头足纲·乌贼科　食物 鱼、虾、螃蟹　栖息地 日本、东南亚、澳大利亚等地

神奇的皮肤

金乌贼

金乌贼背部有大大的石灰质甲壳。

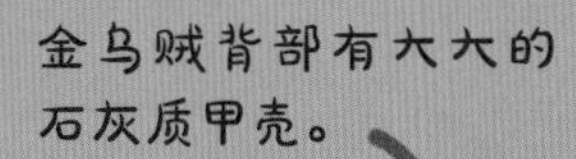

以虾、螃蟹、小鱼等为食。

皮肤共分三层，构造特殊。

最外侧的皮肤上，每平方毫米分布着两百多个色素细胞。

例如：红色+黄色就可以得到橙色。

红色、黄色、褐色、黑色、白色的色素细胞可随意组合，制造出五彩斑斓的颜色。

色素细胞与受大脑控制的肌肉和神经进行联动，使金乌贼的身体犹如电视机的显示屏一样，可以快速变换色彩。

无论什么样的环境，金乌贼都可以瞬间融入其中。

就连自然界中没有的花纹也能融入！

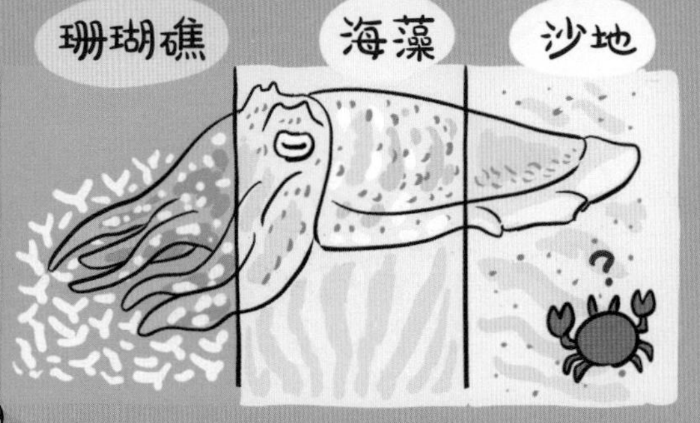

而澳大利亚的金乌贼，则会通过变换体形和体色求爱！

体形较大的雄乌贼会在身体表面变换出斑驳的条纹，以此来获取雌乌贼的芳心。

体形较大的雄性能轻易击退竞争对手……

最后以“保护”雌性的形式完成交配。

打扰了。

窸窸窣窣

雌性会潜入雄性身体的下方。

你肯定会想，那体形较小的雄乌贼就束手无策了吗？

不，令人意想不到的是，它们会“假扮”成雌性！

收起触腕，缩小身体，再将身体的颜色变换成与雌乌贼相近的颜色！

真是一群可爱的小家伙～

接着，扮成雌性的雄乌贼会悄悄潜入粗心的大乌贼身下……

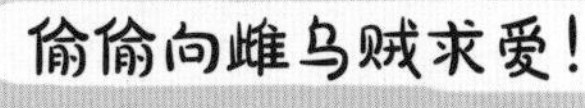

偷偷向雌乌贼求爱！

得意的大乌贼还以为自己成功捕获了两只雌性的芳心。但它做梦都想不到，其中一只竟然是由雄乌贼假扮的……

最后，乌贼们再一次成功地将这些“伪装”基因传给了下一代……

金乌贼还会“催眠术”？
快睡吧！
金乌贼可以通过改变身体的颜色，使身体看起来如同上下起伏的波浪一般。
嗡～
嗡～
于是有人猜想，这有没有可能是一种“催眠术”，目的就是借助这种复杂的颜色变化来迷惑螃蟹等猎物……
啊呜！
迅速捕食！
啊啊～
虽然拥有巧妙的颜色操控技术，但金乌贼好像并不擅长辨别颜色……
红灯停
绿灯行
看不清啊。
看来，金乌贼身上还有很多谜团在等待我们探索啊。
金乌贼也太厉害了吧，居然还会催眠术～
看着看着突然就开始犯困了……
我想到了！
啊
可以用金乌贼的催眠术……
来操控观众的意识！
你是小露的粉丝。
没想到竟然就火了！
别说一亿播放量了，一百亿都不成问题……
小露也变成地球上最强的动物短视频博主了……
赞！
赞！
赞！
小露你真帅气。
粉丝五十亿!!
嘿嘿嘿……
你要睡到什么时候啊？

珊瑚

苏醒吧！海底大都会

集合吧，海洋里的朋友们！！

珊瑚可以起死回生？！

珊瑚礁是海洋生物的家园

珊瑚与水母同属于刺胞动物。世界上共有八百多种形态、大小各异的珊瑚。由珊瑚形成的珊瑚礁虽然只占全球海洋总面积的0.17%，但却聚集了十万多种海洋生物。

分类 刺胞动物门 · 珊瑚科　食物 利用光合作用获取营养、浮游生物　栖息地 全球海洋

欢迎来到海洋热带雨林
珊瑚
珊瑚虫
很多人都觉得珊瑚是一种植物，但实际上它是动物，它是由无数小小的珊瑚虫组成的。
珊瑚虫的体内住着与它共生的共生藻。通过共生藻的光合作用，珊瑚虫可以获取营养。这些共生藻也为珊瑚打造了绚丽的色彩。
然而，珊瑚礁正面临着巨大的危机。
近三十年来，全世界的珊瑚减少了一半！目前珊瑚所面临的最严重的问题就是“白化现象”。
当珊瑚感受到压力或处于危险环境时，体内的共生藻便会释放毒素……
呸 呸
接着，珊瑚会把共生藻排出体外，珊瑚也会因此失去色彩而变成白色。
生命耗尽了……
如果白化状态一直持续，珊瑚将会迎来死亡。
人们认为，全球变暖导致的海水温度急剧上升是珊瑚现在面临的最大生存压力。除此之外，过度捕捞、海水污染等因人类活动导致的环境变化，也是造成珊瑚礁大量死亡的重要原因！
这是发烧了啊～
39 ℃
嘀

用“声音”迷惑鱼儿可以拯救珊瑚?!

通常，我们会认为大海里是非常安静的，然而，一座健康的珊瑚礁中却热闹非凡。生活在这里的鱼、虾等动物会不断发出各种细微的声响。

反之，当即将走向死亡时，珊瑚礁便会异常安静，因为动物都离开了。

于是，研究人员做了这样一项实验。在濒死的珊瑚上放置水下扬声器，播放健康珊瑚礁中出现的声音，“诱骗”鱼儿们重新聚集。
令人惊喜的是，实验成功了!
播放过声音的珊瑚礁吸引了多种生物回归。

住在珊瑚礁里的鱼儿们对珊瑚有着十分重要的作用。
例如，有的鱼可以吃掉过量的海藻，确保珊瑚所需的生长空间。

让珊瑚礁恢复活力，离不开其他海洋动物的帮助。即便一开始是虚假的“繁荣”，但只要能够巧妙使用这些声音，在未来的某一天，珊瑚礁或许真的会重焕生机。

珊瑚还是“海底餐厅”?!

珊瑚礁是海洋生态系统中不可或缺的部分。
它们也是很多海洋动物的食物。

刮
刮
日本绚鹦嘴鱼

长有形似鹦鹉喙的嘴，可刮下珊瑚表面的珊瑚虫后食用。

啊呜 啊呜
叉纹蝴蝶鱼

啄食伸出触手的珊瑚虫。

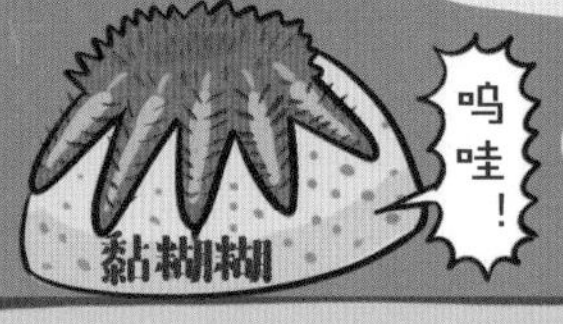

将胃部翻出体外，
整个覆盖在珊瑚表面，
最后用消化液将珊瑚虫溶解。

珊瑚也不是只有等着被吃的命运，有些珊瑚也会“吃掉”其他生物!

曾经有人目睹过，小花般的珊瑚虫竟然吞食了体形较大的水母。
有的珊瑚虫甚至还会团结起来，相互协作捕食猎物。
当水母靠近时，先由几只珊瑚虫抓住水母的“伞”，再由其他珊瑚虫控制水母的触手，使其无法逃走。

珊瑚礁的顾客络绎不绝

珊瑚既是海洋动物的珍贵家园，也是动物们赖以生存的食物。不过就像美丽的玫瑰都带刺一样，珊瑚有时也会露出尖利的“獠牙”……

欢迎诸位光临，
请随意享用。

无所不能的锯子

锯鳐是一种拥有锯齿状长吻的鳐鱼。它们可以使用自己长长的吻部，在海底的沙子里搜寻贝类或螃蟹等食用。全世界共有六种锯鳐，大多生活在海洋里，也有些品种生活在河川、湖泊等淡水中。

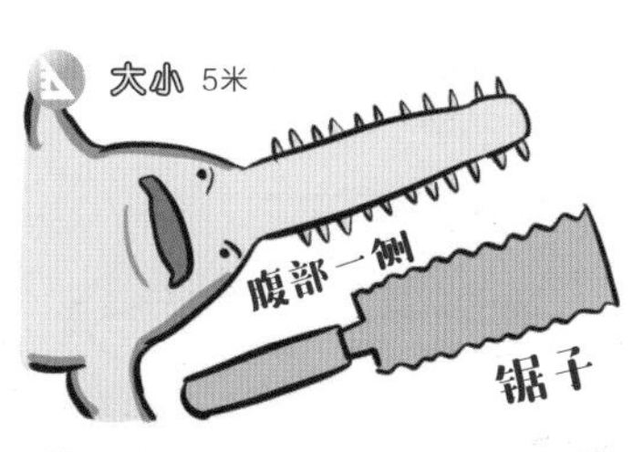

并且这把“锯子”还隐藏着一个秘密……

 **分类** 软骨鱼纲 · 锯鳐科  **食物** 鱼类、贝类、螃蟹等  **栖息地** 全球热带海域

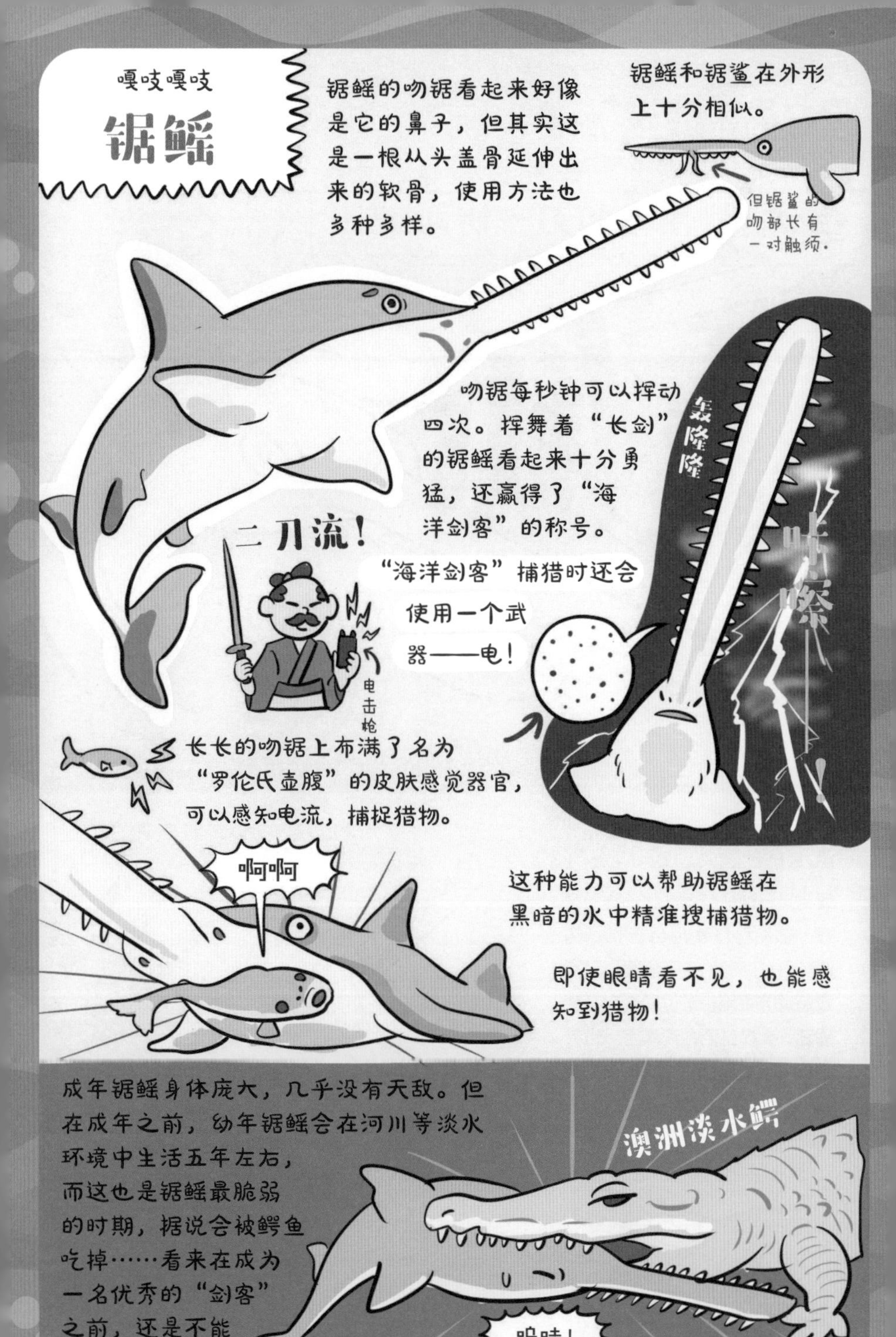
嘎吱嘎吱
锯鳐
锯鳐的吻锯看起来好像是它的鼻子，但其实这是一根从头盖骨延伸出来的软骨，使用方法也多种多样。
锯鳐和锯鲨在外形上十分相似。
但锯鲨的吻部长有一对触须.
吻锯每秒钟可以挥动四次。挥舞着“长剑”的锯鳐看起来十分勇猛，还赢得了“海洋剑客”的称号。
轰隆隆
二刀流！
电击枪
“海洋剑客”捕猎时还会使用一个武器——电！
长长的吻锯上布满了名为“罗伦氏壶腹”的皮肤感觉器官，可以感知电流，捕捉猎物。
啊啊
这种能力可以帮助锯鳐在黑暗的水中精准搜捕猎物。
即使眼睛看不见，也能感知到猎物！
成年锯鳐身体庞大，几乎没有天敌。但在成年之前，幼年锯鳐会在河川等淡水环境中生活五年左右，而这也是锯鳐最脆弱的时期，据说会被鳄鱼吃掉……看来在成为一名优秀的“剑客”之前，还是不能掉以轻心啊。
澳洲淡水鳄
呜哇！

能挥出自然界最快、最强之拳的虾蛄

一种外表鲜艳、生活在海底的虾蛄。拥有一对形似锤子的捕食爪。这对爪子可以帮助雀尾螳螂虾击碎贝类和螃蟹坚硬的外壳，享用它们肥美的肉。同类之间在争抢地盘时，也会用“拳头”相互攻击。

攻击猎物时爆发的力量约为自身体重的两千五百倍！

即便猎物躲进玻璃瓶中……

大小 15厘米

分类 节肢动物门 · 齿指虾蛄科　**食物** 贝类、螃蟹　**栖息地** 日本、东南亚等

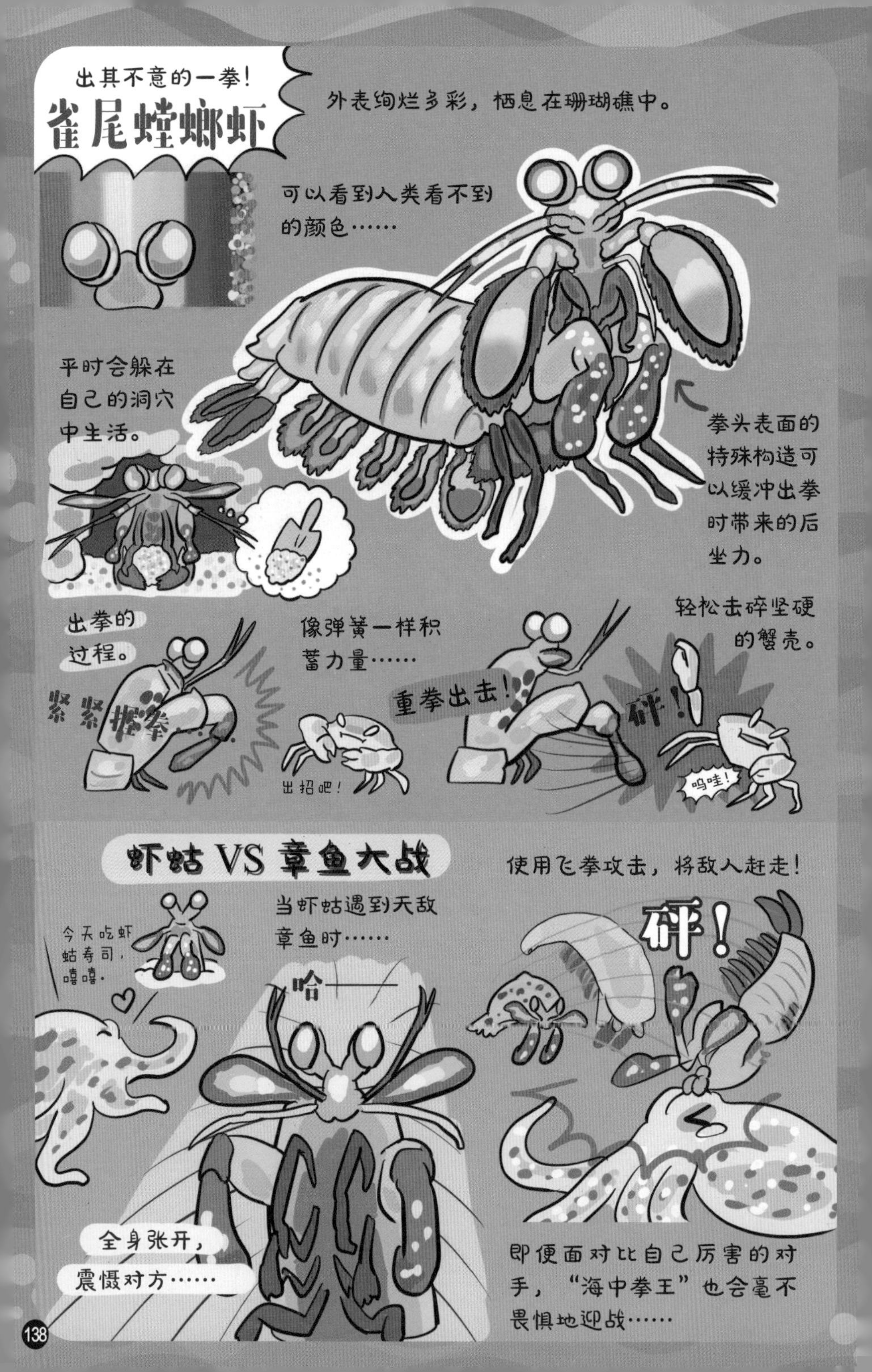

出其不意的一拳！
雀尾螳螂虾
外表绚烂多彩，栖息在珊瑚礁中。
可以看到人类看不到的颜色……
平时会躲在自己的洞穴中生活。
拳头表面的特殊构造可以缓冲出拳时带来的后坐力。
出拳的过程。
紧紧握拳
像弹簧一样积蓄力量……
出招吧！
重拳出击！
轻松击碎坚硬的蟹壳。
砰！
呜哇！
虾蛄VS章鱼大战
今天吃虾蛄寿司，嘻嘻。
当虾蛄遇到天敌章鱼时……
哈——
全身张开，
震慑对方……
使用飞拳攻击，将敌人赶走！
砰！
即便面对比自己厉害的对手，“海中拳王”也会毫不畏惧地迎战……

石头鱼（玫瑰毒鲉）

绝招！ 用石刀将敌人劈开

面目狰狞、像岩石一样的毒鲉

鲉是一种生活在海底岩石间的鱼类，嘴特别大。面目狰狞、腹部大而浑圆的石头鱼就是一种鲉鱼。石头鱼喜欢将全身藏匿在沙石中，只露出眼睛和嘴巴，等待猎物靠近。

特别擅长拟态！

一动不动

看起来像一块粗糙的岩石。

在那～
布满～泥沙的～

不动声色地把
路过的小鱼……
一口吃掉！

大小 40厘米

其实是一种
高级食材。

最短的捕猎用时只需0.01秒，动作十分敏捷。

石头鱼还有一个“隐藏技能”，那就是……

 **分类** 辐鳍鱼纲・鲉科　**食物** 小鱼等　**栖息地** 印度洋、太平洋等

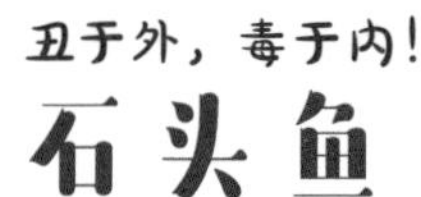

丑于外，毒于内！

石头鱼

一种栖息在热带珊瑚礁中的鱼类，在中国南方沿海地区也有分布。

拥有世界上最强等级的剧毒！毒性是蝰蛇的三十倍……

真可人。

毒液隐藏在背鳍上的刺中。石头鱼的背刺锋利而坚硬，如果不小心踩到它，可能会有生命危险……

啊～

刺穿

哎呀！

因外形如魔鬼般恐怖而得名。

可怕！

正面

唰！

而且，石头鱼身上还藏有“飞刀”！在石头鱼眼部下方的骨骼处有两条刀片状的器官，名为“泪刀”。

警察先生快来！

人们推测，泪刀或许可以击退敌人；

或许可以像动物的角一样，在求爱时用于展示自己的魅力；

又或许可以用于同性竞争……

此外，泪刀还可以发出绿色的荧光，发光的原因尚不明确……石头鱼身上的谜团还有很多啊。

微微发光～

吓人！

Q：鳗鱼快要灭绝了吗？

在濒危物种红色名录中，鳗鱼被列入濒危系数第二高的等级【EN（IB）】。

如假包换的濒危物种！

IUCN	日本环境省	
EX	灭绝	
EW	野外灭绝	
CR	极危	濒危 IA
EN	濒危	IB
VU	易危	II
	进危	

濒危物种

蓝鲸 EN（IA）

朱鹮 EN（IB）

和蓝鲸、朱鹮等珍稀动物处于同一等级！

 分类 硬骨鱼纲·鳗鲡科  食物 虾、蟹等  栖息地 太平洋、印度洋等

分类 哺乳纲·人科 食物 杂食 栖息地 全世界

Q：鳗鱼马上要灭绝了吗？为什么鳗鱼的数量减少了那么多啊？

这还用问吗，当然是因为人类了！

鳗鱼数量减少的原因主要有两个：
（1）过度捕捞。
（2）环境变化。

啊，变成水泥了。

最大的问题是，人类对鳗鱼的消耗速度已经超过了鳗鱼自身繁殖和增加的速度。如果这种状况一直持续下去，鳗鱼极有可能会走向灭绝。

Q：如果天然的鳗鱼不能捕捞，那是不是可以通过人工养殖的方式来代替呢？

哼，果然！这是很常见的误解之一。

可恶……

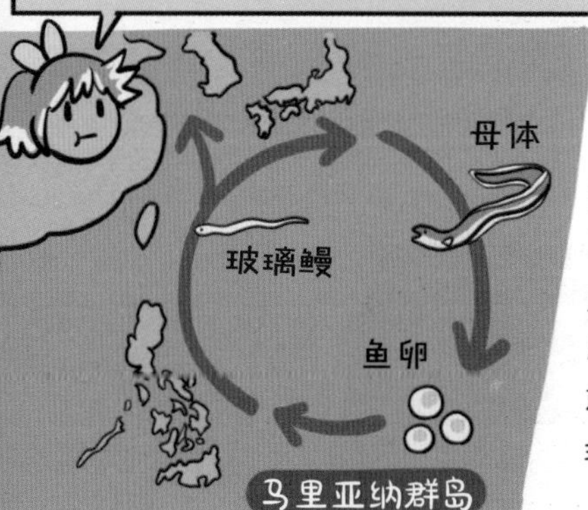

日本鳗需要在距离日本2000千米外的马里亚纳群岛产卵。在那里出生的鳗鱼幼苗最后会洄游到日本，直至成为成年鳗鱼。而所谓的人工养殖鳗鱼，就是将从大海中捕获的鳗鱼幼苗（玻璃鳗）转移到养殖场培育长大。

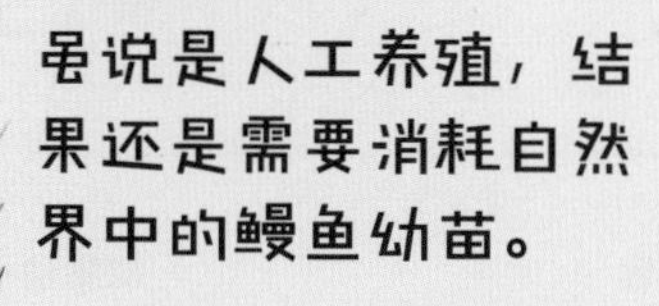

Q：听说可以实现全人工养殖？

真正付诸实际，要等到很久以后。

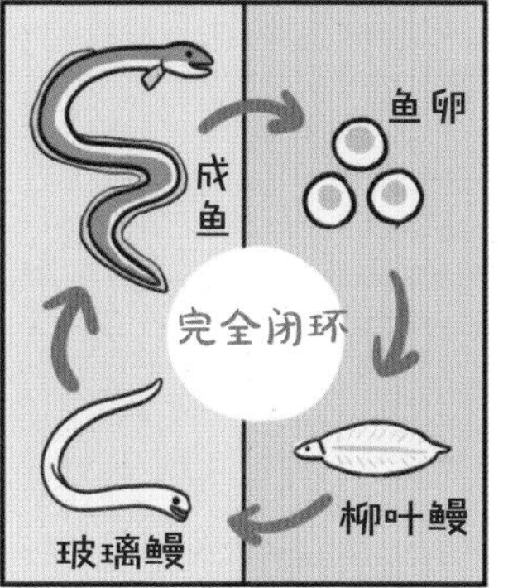

完全闭环的全人工养殖技术已经在实验室里成功实现。

然而在现阶段，大规模的全人工养殖依然难以实现，并且成本高昂。所以，这种技术并不能拯救鳗鱼于水火。

全人工养殖鳗鱼饭！

如果未来该技术能减少对野生鳗鱼的捕杀，还是可以期待一下的。

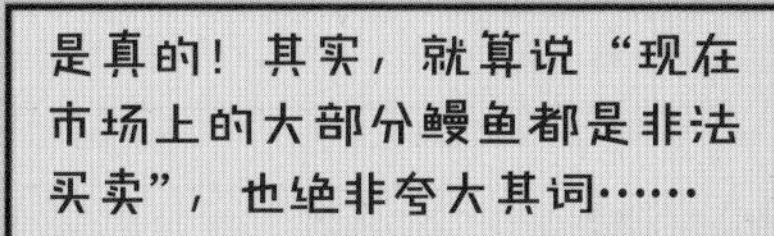

Q：听说现在有人非法买卖鳗鱼，是真的吗？

是真的！其实，就算说“现在市场上的大部分鳗鱼都是非法买卖”，也绝非夸大其词……

据调查称，日本国内的人工养殖鳗鱼中，有50%～70%的鳗鱼幼苗是通过非法渠道获得的！

呜哇！

鳗鱼扭蛋

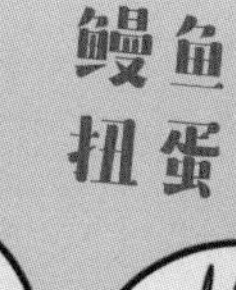

鳗鱼苗在黑市上交易价格高昂，因此被人称作“白色钻石”，所以非法捕捞鳗鱼屡禁不止。

不管是老牌的高级鳗鱼料理店，还是价格相对低廉的鳗鱼料理连锁店，都存在大量销售非法鳗鱼的行为。这是目前最棘手的问题。

合法渠道的鳗鱼最多只有50%。

Q：那么，怎样才能阻止鳗鱼灭绝呢？

非常简单，只要制定法律制裁吃鳗鱼的人就好了！

不太可行啊……除此之外呢？

这个嘛……只能靠人类自己努力了。

首先，要对鳗鱼设置合理的“消费限度”。虽然目前已经对包括日本在内的三个国家中人工养殖鳗鱼的鱼苗数量进行了限制，但由于上限过高，本质上和随意捕捞几乎没什么区别。这项限制也基本是形同虚设……

我认为，应该依据科学数据，合理限制消费数量，从而逐渐减少对鳗鱼的过度捕捞。

Q：我们可以做些什么呢？

可以做很多事呢。

- 时刻牢记要有节制地食用鳗鱼；
- 购买鳗鱼时，要选择注明鱼苗产地的商家，杜绝非法买卖鳗鱼；
- 让相关从业人员知道，大家都在对非法鳗鱼说“不”；
- 关注与鳗鱼有关的新闻并转发分享，等等。

为了和鳗鱼一起走向未来，快点行动起来吧！
自私的人类，感谢你们的收看！

说得太对了！

不过我想说，观众是看不到鳗鱼精灵的吧？

后期剪视频的时候处理一下吧……

体形巨大的“独行侠”

浪人鲹和竹荚鱼都属于鲹科。成群结队游动的竹荚鱼每条体重约为 300 克，而浪人鲹的体重则可以超过 50 千克，是钓鱼爱好者梦寐以求的大家伙。它体形庞大，游速很快。同时胃口极好，肉食性，从不挑食。

大小 1米

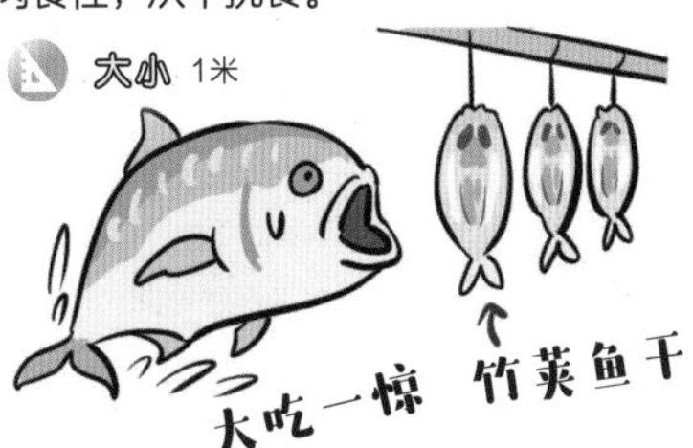

分类 辐鳍鱼纲 · 鲹科　 食物 鱼、甲壳类、鸟类等　 栖息地 印度洋、太平洋等

梦想中的大鱼
浪人鲹
一种体形巨大的鲹科鱼类，有“钓鱼人的梦想”之美名！
好大啊！
快放开啦！
活蹦
乱跳
它是个大胃王，会捕食鱿鱼、章鱼以及小型鱼类。
乌燕鸥
一种可以飞入水中捕鱼的海鸟。
甚至还会抓鸟吃！
隐身……
呜哇
啊啊！
潜伏在水下悄悄接近……
如果发现鸟试图逃跑，便会纵身一跃将其拿下！
啊呜！
就算是正在空中飞行的鸟，也难逃它的“魔爪”！
一般会单独狩猎，但在捕鸟时，也会团队作战。
腹中空空就无法打仗。
呜哇！
看来就算是孤高的“浪人”，有时也会和大家一起纵情狂欢！

Zootube
动物园视频

谜团！

双髻鲨

海洋中的鲨鱼学校

聚集了两百多头鲨鱼的学校?!

紧张

兴奋

鲨鱼学院开学典礼

合唱校歌！

即使长夜漫漫，默默流泪，梦想依旧熠熠生辉。

海浪翻滚涌动，鲨鱼鳍划破水面，我们在学校获得新知识。

17:55/ 37:15

外形奇特、头部如锤子的鲨鱼

头部的形状很像锤子，所以也称“锤头鲨”。成年双髻鲨几乎没有天敌，以鱼、虾、螃蟹、章鱼等为食。繁殖后代时，它们会先将幼体在体内孕育成形，最后以胎生的方式分娩。

大小 最大可达4.3米

双髻鲨种类比较多，其中最常见的是以下三种：

路氏双髻鲨

头前部呈波浪状，中间有凹陷。

锤头双髻鲨

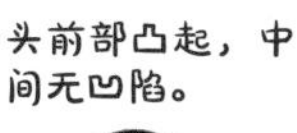

头前部凸起，中间无凹陷。

无沟双髻鲨

头前部平直，身体庞大。

那么，它们的“锤子”究竟有什么秘密呢？

分类 软骨鱼纲·双髻鲨科　食物 海洋动物　栖息地 全球海洋

大图鉴

让我们来悄悄看一下吧！

双髻鲨

双髻鲨极具特色的“锤头”对它的生存起着非常重要的作用。

眼睛分布在头部两侧，视野广阔，更容易发现猎物。

头部可以用作武器！

扑通……

呜哇！

可以用宽大的头部将庞大的赤魟（hóng）直接按在海底。

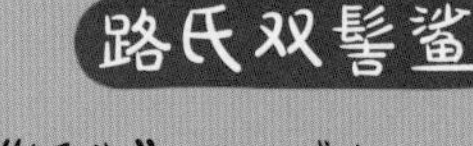

路氏双髻鲨

“锤头”的正面分布着具有高灵敏度的特殊器官，让“锤头”像金属探测器一样。

“锤头”可以感知磁场，帮助双髻鲨寻找猎物，仿佛在它的头部装了导航仪一样。

不过，“锤头”虽然用起来方便，但在水中行进时会带来很大的阻力。据说，双髻鲨在行进时所花的力气是其他鲨鱼的十倍……

一条无沟双髻鲨正在向一侧扭转自己的身体，60°斜角可以把阻力减至最少，在游动时更省力。

在大多数人眼里，鲨鱼是冷酷无情的海洋杀手。
但后来人们发现，原来鲨鱼也是一种高度社会性动物。特别是双髻鲨，它们经常会结群活动，规模有时甚至可达200头。

在英语中，表达不同种类的动物群时所使用的词汇不同。例如，在描述鱼群时，用到的词语就是学校（school）。

所以，鲨鱼群也可以叫作“鲨鱼学校”。

至于鲨鱼为何会结群，至今仍是个谜。就像双髻鲨，它们并不存在什么需要结群防御的天敌，也不需要团队狩猎……
也许在功能强大的“锤头”里，就隐藏着鲨鱼之间密切联系的线索。

不好意思，我打断一下。假如宇宙中有一群神秘的外星人，每年会猎杀一亿多个人！

人类很少对外星人发起反击，但偶尔也能杀掉一两个外星人。

其他外星人看到后……

人类也太凶残了！

便把人类当成魔鬼一般……

伴随着憎恨和恐惧的不断升级，对人类的迫害也变本加厉……

太可怕了!!

嗜血怪兽

人类

简直是胡说！

你肯定会这么想吧。

然而，刚才所说的正是人类对鲨鱼做的事。

人类对于鲨鱼的恐惧源自被夸大和扭曲的事实。

在世界上已知的490种鲨鱼中，袭击过人类的仅有30种，而其中造成人类死亡的事件，全世界每年仅有8～12起。

（对比一下，河马造成的人类死亡事件每年约有300起。）

而根据推测，每年被人类杀掉的鲨鱼多达一亿条。

也就是说，每秒就有三条鲨鱼被杀。

这当然与过度捕捞脱不了干系。

然而还有一些人，仅仅是为了取乐便对濒临灭绝的鲨鱼痛下杀手。

在鲨鱼的眼中，人类才是残忍的“杀人巨兽”。

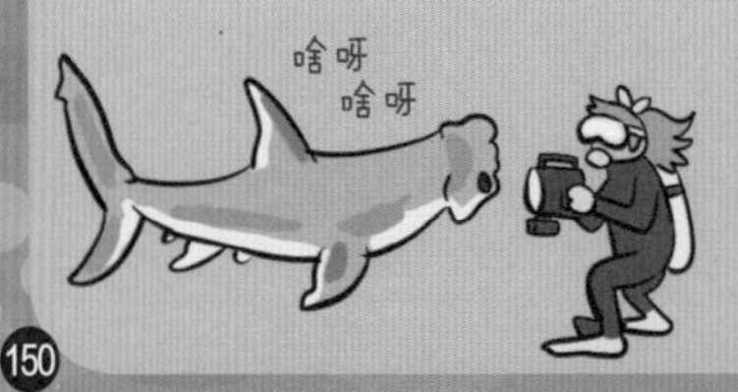

鲨鱼已经在地球上生存了四亿多年，是人类古老的前辈，在整个生态系统中起着十分重要的作用。为了保护鲨鱼，人类应该摒弃成见，多多“学习”和了解鲨鱼……

结群而居的白色大鲸鱼

白鲸是一种白色的鲸鱼，与鲸鱼和海豚是近亲。体形庞大，喜结群而居，几乎没有天敌。较大的白鲸群规模可达上百头。食物种类多样，多以鱼、蟹等为食。

白鲸的额头上有一个由脂肪组成的器官，名为“额隆”。

额隆好比一个回声定位系统，可以帮助白鲸联络同伴或捕食猎物。

呼唤不同的同伴时会发出不同的声音，仿佛每只白鲸都有自己的名字。

不过，白鲸高超的沟通能力可不仅限于同伴之间……

大小 4米～6米

额隆和哈密瓜的英语都是melon。

分类 哺乳纲 · 一角鲸科

食物 鱼、甲壳类等

栖息地 北冰洋等

脑袋上有一根长牙的一角鲸是白鲸的同伴。

孤零零……

有一天，一只年幼的一角鲸与父母走散了……

然后，这只走失的一角鲸便被白鲸群收养了！

一角鲸和白鲸这两个物种平时几乎没有任何交流。然而，走失的一角鲸却很快融入了白鲸群，并会与同群的白鲸们互蹭身体。这就意味着，这只一角鲸已经完全被白鲸的“社会”接纳了。

这也是人类第一次观察到，同一种类的野生动物群体居然可以像收养孩子一样去接纳另一个物种。由此可见，鲸鱼高超的交流能力，甚至能跨越物种。

青翼海蛞蝓

头部以外都是“装饰”？！

恐怖！！

仅靠头部就能游走世界？！

树叶般的绿色海蛞蝓

生活在温暖海域的海蛞蝓，身体呈十分美丽的绿色。海蛞蝓虽然没有壳，但却是海螺的近亲，以附着在海底岩石上的海藻为食。雌雄同体，繁育后代时不需要与其他个体交配，自己就可以完成整个繁育过程。

一天，实验室里饲养的海蛞蝓死掉了，而且留下了一具无头尸体！

但再仔细一看……掉下来的头正在四处活动，还大口大口地吃着海藻！

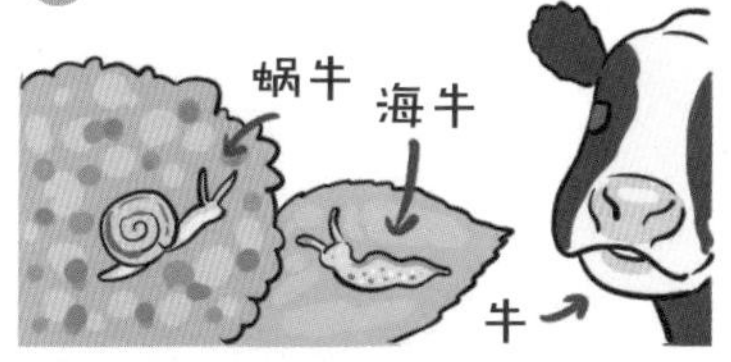

这个神奇的海牛究竟是……

分类 软体动物门 · 青翼海蛞蝓科　食物 海藻等　栖息地 全球海洋

没有头的海牛

青翼海蛞蝓

然而接下来发生的事却更加令人惊奇。

一周之后，海蛞蝓残存的头部竟然开始长出身体；三周后，身体几乎恢复如初！

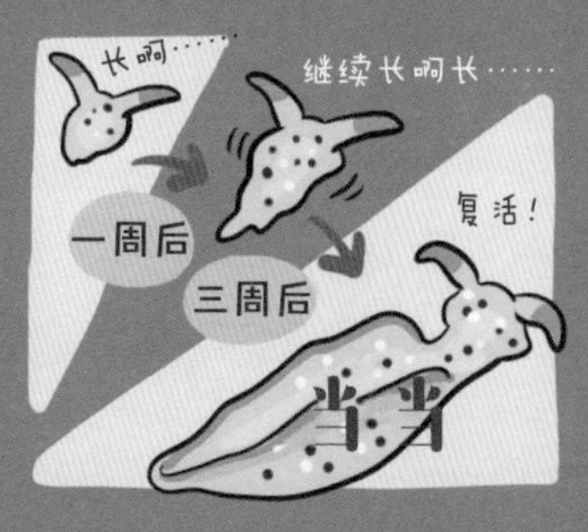

这样的身体再生，在海蛞蝓这种拥有复杂身体构造的生物中还是首次被发现！

我是一棵树……

有一种海蛞蝓，可以把海藻中的叶绿体纳入自己体内，通过光合作用为身体提供能量。

人送外号"太阳能海蛞蝓"……

研究人员认为，青翼海蛞蝓之所以能够靠头部运动，并从头部再生出身体，很可能就是因为这种能力为头部提供了足够的能量。

像蜥蜴断尾一样，海蛞蝓究竟为何会自断头颅，至今仍是个谜……

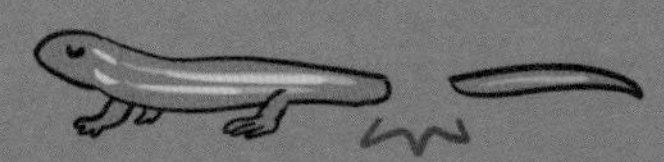

有的科学家认为，它们是在用这种方式摆脱体内的寄生虫。

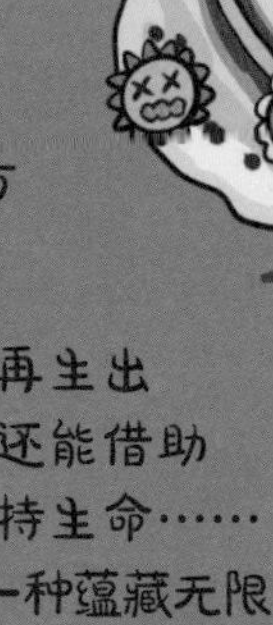

可以从头部再生出身体细胞，还能借助光合作用维持生命……
海蛞蝓真是一种蕴藏无限可能的生物！
随着对海蛞蝓身体机能研究的深入，也许未来某一天，相关的知识可以运用到医学领域。

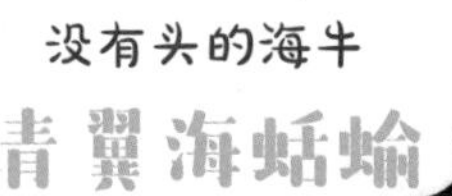

前口蝠鲼

鸟？飞机？是前口蝠鲼!!

神秘的跳跃!!

它们为何要飞向空中？

吸食浮游生物的巨鳐

前口蝠鲼（fú fèn）共分两种，分别是双吻前口蝠鲼和阿氏前口蝠鲼。宽可达 7 米，体重可达 2 吨。不同于其他鳐属鱼类，蝠鲼不会吃鱼，而是靠吸食浮游生物为生。因此，它们的吻部构造十分特殊。

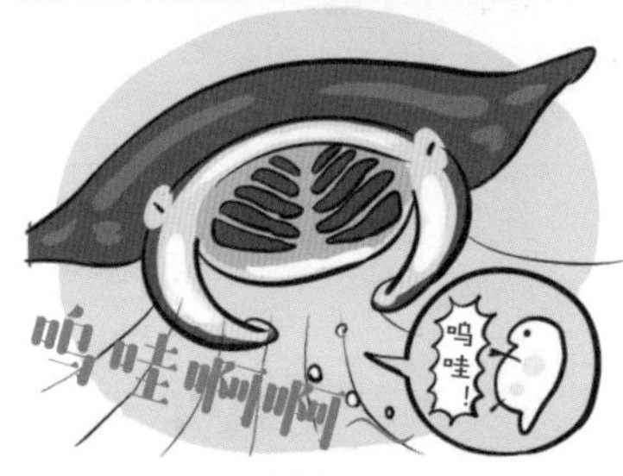

通过两个犄角状的头鳍吸入大量海水。

大小 4米

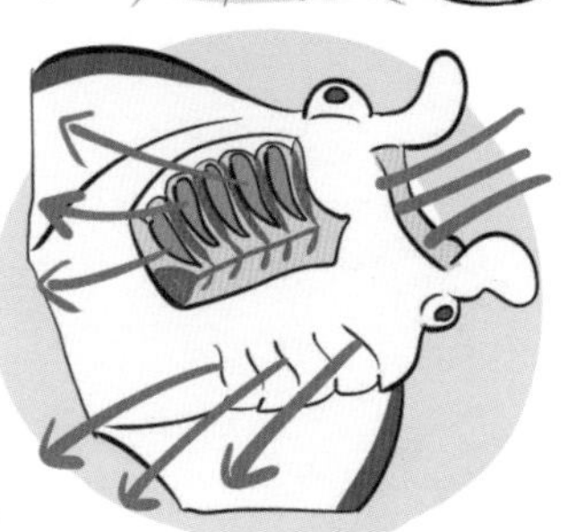

用鳃部的筛板状器官“过滤”水中的浮游生物，并将多余的海水从鳃孔排出。

本以为它是“独行侠”，然而……

分类 软骨鱼纲 · 鲼科　　食物 浮游生物　　栖息地 印度洋、太平洋等

大图鉴 了不起的翅膀

前口蝠鲼

实际上，前口蝠鲼是一种高度社会性的动物，同伴之间交流频繁。

有些蝠鲼之间甚至会建立起好友般的亲密关系。

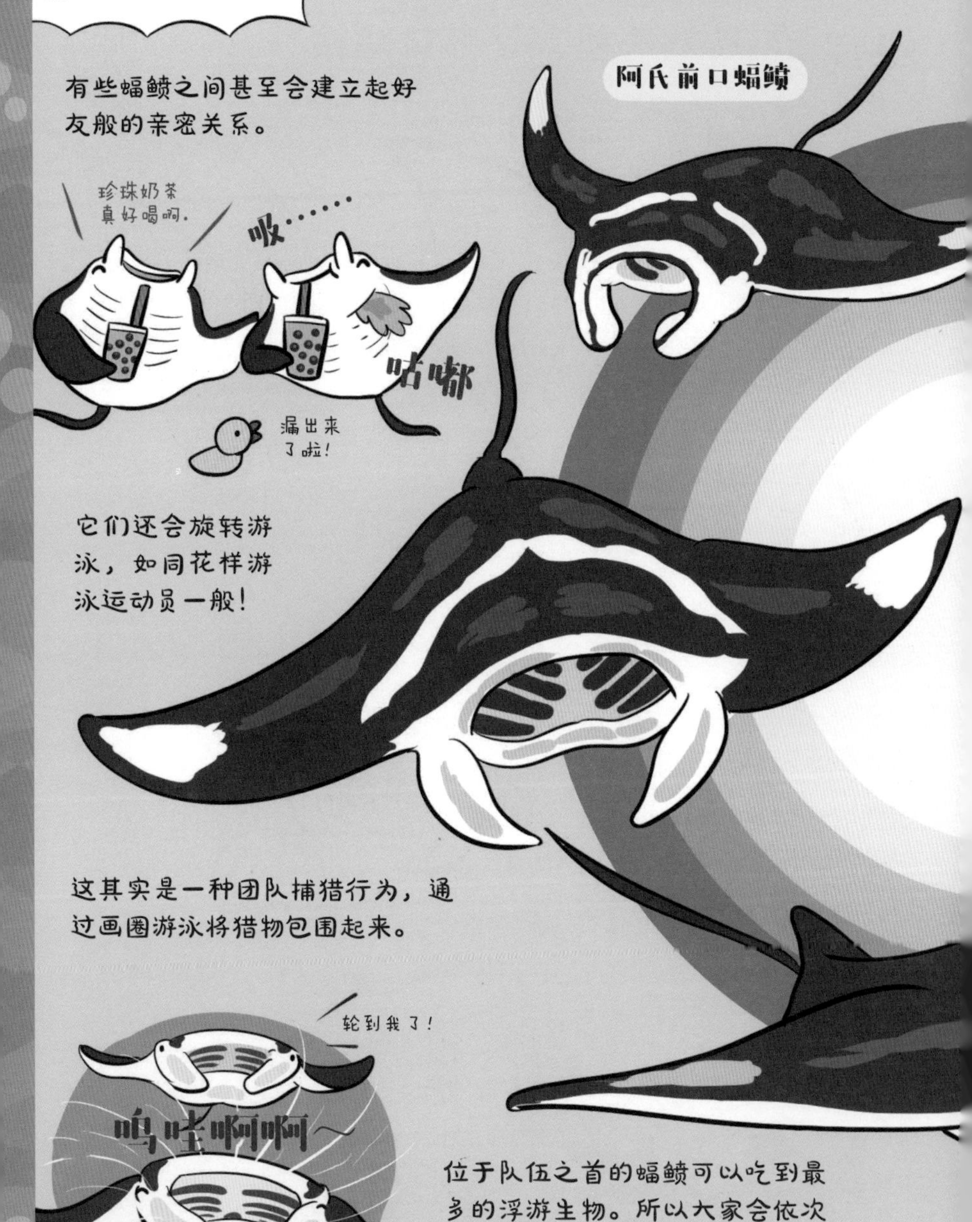

它们还会旋转游泳，如同花样游泳运动员一般！

这其实是一种团队捕猎行为，通过画圈游泳将猎物包围起来。

位于队伍之首的蝠鲼可以吃到最多的浮游生物。所以大家会依次调换位置，保证谁都有位于队伍之首的机会。

前口蝠鲼有一个令人惊奇的行为！
它们会使用自己翅膀般的
双鳍凌空飞跃！
高度可达2米！
扑通！
关于飞跃的原因，人们有诸多猜想。
啪嗒！
有人认为，这是一种求偶方式，通过拍打水面发出响亮的声音，以此赢得异性的芳心。
好棒的声音.
♀
也有人认为，蝠鲼击打海面时所造成的冲击力可以帮助它们去除体表的寄生虫。
还有人认为，这只是蝠鲼的一种娱乐方式……
蝠鲼拥有鱼类中最大的大脑，有研究称它们甚至可以识别人类。
蝠鲼报恩
我是那个小时候被你救过的蝠鲼。
干吗要说谎啦……
随着研究的进行，相信蝠鲼将会有更多的“智慧”被人类发现。

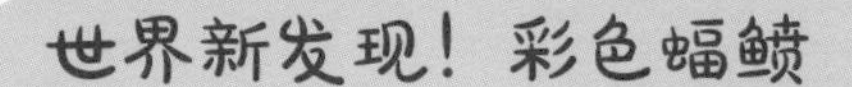

世界新发现！彩色蝠鲼

一般的蝠鲼背部呈黑色，腹部呈白色，然而人们也发现了通体黑色的蝠鲼！这种蝠鲼名为**“黑蝠鲼”**，是潜水员偶然间看到的。黑蝠鲼在全球范围内都十分少见。

更令人惊奇的是，人们在澳大利亚的大堡礁还发现了粉色的蝠鲼！

皮肤之所以会变粉红是受基因变异的影响吗？

在自然界中，过于鲜艳的颜色对动物的生存十分不利。不过对于没有天敌的蝠鲼来说，即便外表醒目，也不会对它们的安全构成威胁。蝠鲼简直是华丽外表与强大力量兼具的海洋大明星。

红海龟

海洋塑料的受害者

被“幽灵”缠身、濒临灭绝的海龟

地球上共有七种海龟，目前都面临着灭绝的危机。水母是海龟的猎物之一，而被丢弃在大海里的塑料袋看起来和水母很像，所以经常被海龟误食。海洋垃圾对海龟的生存构成了严重威胁。

塑料是一种工业材料，与人类的生活密不可分。但塑料也经常被人们随意丢弃。

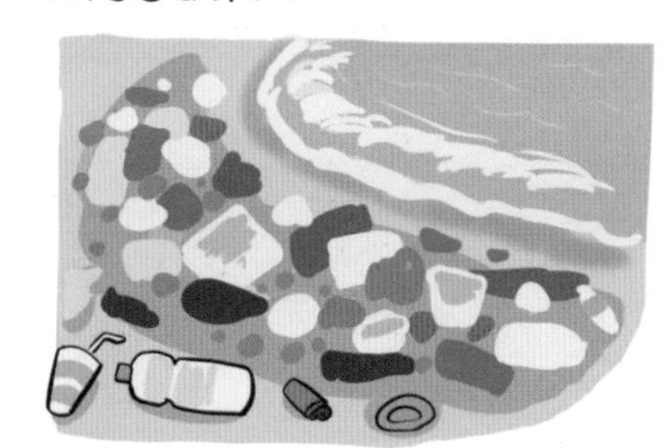

这些废弃的塑料最终会流向大海，对海洋生物的生存造成恶劣影响。

大小 90厘米

海龟也正因此遭受着巨大的伤害……

分类 爬行纲·海龟科 **食物** 水母、虾、蟹等 **栖息地** 全球海洋

充满凶险的海洋

红海龟

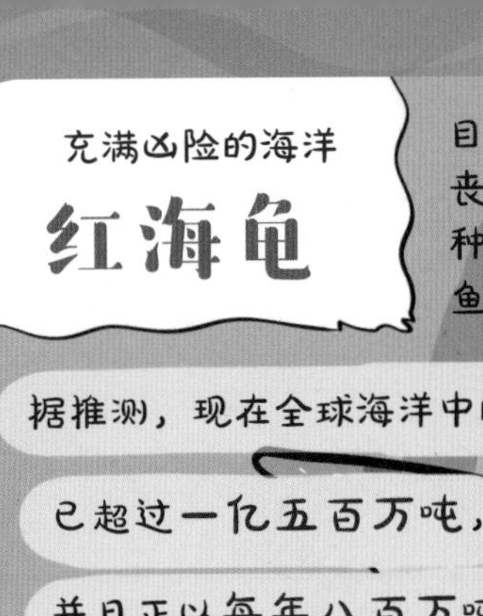

目前，受海洋塑料侵害并因此丧命的海洋生物已达七百多种，包括鱼、海鸟、海龟、鲸鱼等。

据推测，现在全球海洋中的塑料垃圾总量已超过一亿五百万吨，并且正以每年八百万吨的速度持续增加……

研究人员预测，如果这个增速保持不变，到2050年时，海洋塑料垃圾的数量将超过鱼类总量。

塑料垃圾最大的问题是无法自然降解。

一旦进入海洋，塑料便会存在长达几百年，对海洋生物的伤害也是长期而持久的。

很多海洋动物会把漂浮在海水里的塑料当成食物吃掉，然而塑料无法被消化，因此很多动物会饿死或饱受塑料的摧残而死……

渔网、绳索、钓鱼线等是近几年被点名次数最多的塑料垃圾，这些垃圾的危险程度极高，被称为“幽灵渔具”。现代渔具大多为塑料制品，在大海里可以持续存在几十年之久。它们会缠绕在鱼类等诸多海洋生物的身体上，给它们带来无尽的痛苦。
每年有50万～100万吨幽灵渔具流向大海，占海洋塑料垃圾总量的10%。这些垃圾就像幽灵一样漂浮在海中。
为了解决塑料污染问题，制定相关的国际框架公约已刻不容缓。
人类制造的“幽灵”，正严重威胁着海洋环境……反之，能够“斩妖除魔”的，恐怕也只有人类了。

海龟是会进行大规模迁徙的动物。

例如，红海龟会在出生后独自横渡大西洋或太平洋。更令人震惊的是，在出走几十年后，红海龟还能准确地返回自己出生时的海滩。

海龟为何能够如此精准地辨别位置呢？

秘密可能与磁场有关。

海岸线上的每一个地点，都有特定的磁场。

我不会忘记的……

从地图上来看……

大海

岛屿

也太简单了吧。

海龟在海边出生之后，凭借“印刻效应”将出生地的位置牢牢记下来。在没有任何标记的大海上，这就是海龟返回故乡时的指南针。

海龟的洄游壮美而神圣。但由于幽灵渔具等海洋塑料的污染，以及人类对海龟产卵地的过度开发，致使海龟陷入了濒临灭绝的境地……

为了让海龟们健康顺利地返回故乡，干净的大海和磁场一样不可或缺。

座头鲸

绝招！

漂洋过海传递的悠扬旋律

大型鲸鱼发出的美妙歌声

座头鲸有着庞大的身躯，体长可超15米，但却以磷虾（小型浮游生物，与虾类似）为食。它们是海洋歌唱家，旋律复杂，听起来就像是在反复低吟，有时候一唱就是几个小时。

一般认为，座头鲸之所以会发出这样的叫声，是为了与同伴交流或求偶。

目前已知会唱歌的鲸鱼共有五种，其中，座头鲸是最优秀的“海洋歌唱家”。

大小 16米～19米

分类 哺乳纲 · 须鲸科　**食物** 磷虾等　**栖息地** 全球海洋

跨越国界的交响乐

座头鲸

因独特的行为而备受关注的巨大鲸鱼！

以磷虾、小鱼以及浮游生物为食，有时也会不小心将一整只海狮误吞入口中！

呜哇！

可将重达60吨的身体跃出水面。

啪嗒

长长的胸鳍

座头鲸会发出类似于歌声的声音，歌声组合十分复杂，例如会反复吟唱同一段歌曲。

但它们的歌声节奏比较缓慢，人类很难直接听出其中的旋律。

为了让人类可以听懂座头鲸的歌声，曾有音乐家把夏威夷海域中一头座头鲸的歌声写成了乐谱。

通过乐谱我们发现，座头鲸会不断重复同一段歌曲并加入新的旋律，歌唱时间会持续5～30分钟。

曾有记录显示，座头鲸连续歌唱时间最长可达22小时！

雄性座头鲸还会相互模仿彼此的歌曲。也许是为了与其他个体形成差异、突出个性，座头鲸会不断尝试新的曲调。甚至还会出现一些大家都想唱的歌曲……

没错，就像人类的热门单曲！

座头兄弟

热门单曲会迅速在座头鲸之间流传，最远可以传到地球五分之一周长外的遥远海域。

在澳大利亚西海岸诞生的歌曲可以横跨澳大利亚大陆，传播到远在4800千米外的澳大利亚东海岸……甚至还能到达更靠东的库克群岛和波利尼西亚群岛！

在传播过程中，热门单曲还会不断被改编、优化。有时还会加入一些类似打嗝声或口哨声的新小节。

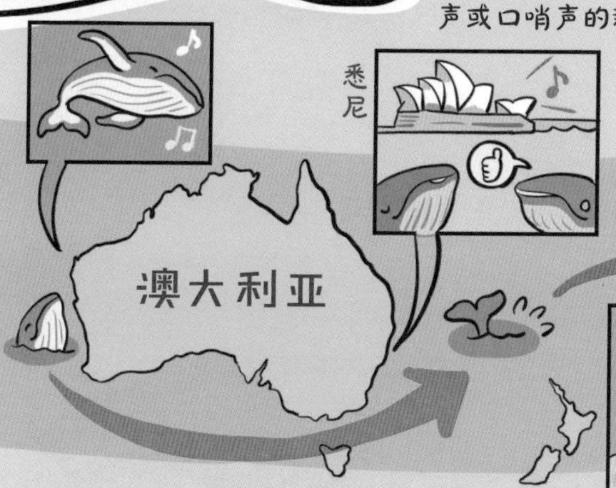

生活在不同地区的座头鲸的唱歌方式也不同。

有些座头鲸会将头钻进周围都是珊瑚礁的地方唱歌，仿佛置身于音乐厅，让自己的歌声产生回响！

座头鲸的歌声就像海浪一样可以传得很远。能以如此规模歌唱的动物，真是独一无二啊。

座头鲸还有其他“文明”？

座头鲸的“文明”不只有唱歌，还有“气泡网捕食法”……

啊啊～～

咕噜咕噜

咕咚咕咚

它们在捕猎时会一边吐气泡，一边画圈，直至将猎物逼入绝境。

从海面上观察

这种狩猎技巧可以有多种变形。

例如：鲸尾拍水捕猎法

用尾鳍不断拍打水面，制作气泡包围网的捕猎技巧。

很不错嘛！

当某头鲸鱼获得新的技能后，其他鲸鱼便会通过交流来学习和模仿该技能。之后，该技能便会作为一种“文明”得以传承。

人类常常以为，自己是唯一拥有“文明”的动物。然而早在远古时期，鲸鱼就已经在大海中畅游了。或许，地球上第一个拥有“文明”的物种不是人类，而是鲸鱼……

第4章

动物和人类的联系与未来

我来想一想!!

五年前
嗨，各位观众好！
欢迎来到神田川小露的每日频道！
今天我们的主题是“疯狂滑板马拉松究竟可以绕公园几周呢”，自拍即将开始！
哧溜
持续加速！
哎哟！
咣
啊哇——啊啊！对不起！！
事故
你……你没事吧？受伤了吗？
我……没事……
只要相机没事那就……
相……相机对吧！
啊？不会让我赔钱吧?!
你都拍了些什么呢？不会是自拍吧？啊哈哈……
人家又不是我……
哇，是鸟！好漂亮啊！这是什么鸟呢？
犀利的目光
完了！他好像很生气。

这种鸟啊，叫作“翠鸟”，很漂亮对吧？它不仅拥有宝石般美丽的色泽，并且还身怀绝技。尤其是它的空中悬停……
这就是美丽的翠鸟！
美丽的蓝绿色羽毛。
喜欢吃鱼，可以潜入水中抓鱼。
呜哇！
原来他说话这么快啊。
啪 啪 啪
啪 啪
擅长悬停飞行！
太激动了……
那个……
鸟……
看来你是真的很喜欢动物啊。
嗯！
我很喜欢动物！
对它们的喜爱程度远远超过对人类的喜爱程度。而且它们不会用滑板撞我……
果然还是生气了……
真是对不起。
我是小露，神田川小露！
我叫……鸭桥小蕨。
你经常来这个公园吗？
呜哇！

小露，你有什么梦想吗？
我呢，将来要成为超级大网红，然后把我的事迹拍成电影！
什么啊……
气呼呼
那么，小蕨你呢？
我想……学习更多有关动物的知识，
并把动物的魅力传达给更多的人！
然后就是……
环游世界，看遍地球上所有的动物。
不过，这好像需要花很多钱吧，而且……
在现实中，这根本不可能实现吧……
盖住
能不能实现现在还说不准！
话说回来，要是我们俩组成搭档的话，会不会很无敌？
搭档是指……
啊！这顶帽子很适合你，送给你吧！
……哈哈，不用了……
肥肥大大的……

时光流逝
现在
好啦！那么今天我们要举办的活动就是——“公园零垃圾日”!!
我们向观众朋友们发起了邀约，大家很积极地加入了。
小蕨老师，我是您的粉丝！
那么，就让我们一起加油吧！
距离一亿次播放量的目标还很远呢，现在捡垃圾会不会太悠闲了？或者说……
提醒一下你们，
好人好事和这次的考验无关。
这话听起来真是让人讨厌。
我们现在已经知道人类的行为会给动物的命运带来很大影响。
或者说大家本就是命运共同体。
所以，就让我们先做一些力所能及的事吧！
哼……
我会尽力为你们提供支持的。
“人类和动物的命运”吗……
如果那个时候没有撞到小蕨的话，我会是另一种命运吧。
命运这个东西，还真是谁都无法预测呢！
小露还是以前那个小露啊。
嗯？
距离动物审判日还有三个月。

动物与人类的未来将会走向何方?!

说到与人类共同生活的动物，猫和狗与人类的关系最为密切，牛和蜜蜂等动物与人类的饮食息息相关。像这样，通过了解我们身边各种各样的动物，好好思考一下动物与人类的未来吧！地球只有一个，和动物共存才能照亮人类的未来。

猫的本性实际上……

猫咪非常可爱，是我们熟悉的宠物之一。但是除了是可爱的宠物，猫还是一个可怕的猎手……

黑猩猩亲切的背后……

黑猩猩的智商很高，甚至可以和其他物种交流，是一种和蔼可亲的动物。然而，当这份亲切变为愤怒时……

详情请见
p191

穿山甲和人类不为人知的关系

穿山甲可能是一种距离我们比较遥远的动物，但实际上它却与人类的生活有着十分密切的联系……

很久以前便和人类一起生活的狗狗们

狗和人类早在几千年前就有了十分密切的联系。狗是由闯入人类生活中的狼驯化而来，它们非常聪明，能够与人类交流，还可以帮助人类打猎，是人类忠诚的伙伴。

在很多历史场景中，人类的身边都有狗的身影。

对于人类而言，狗究竟有哪些特别之处呢？

大小 15厘米～1.5米

体形最大的品种 大丹犬

你的气焰很嚣张啊。

体形最小的品种 吉娃娃

分类 哺乳纲 · 犬科　**食物** 肉类（杂食）　**栖息地** 全世界

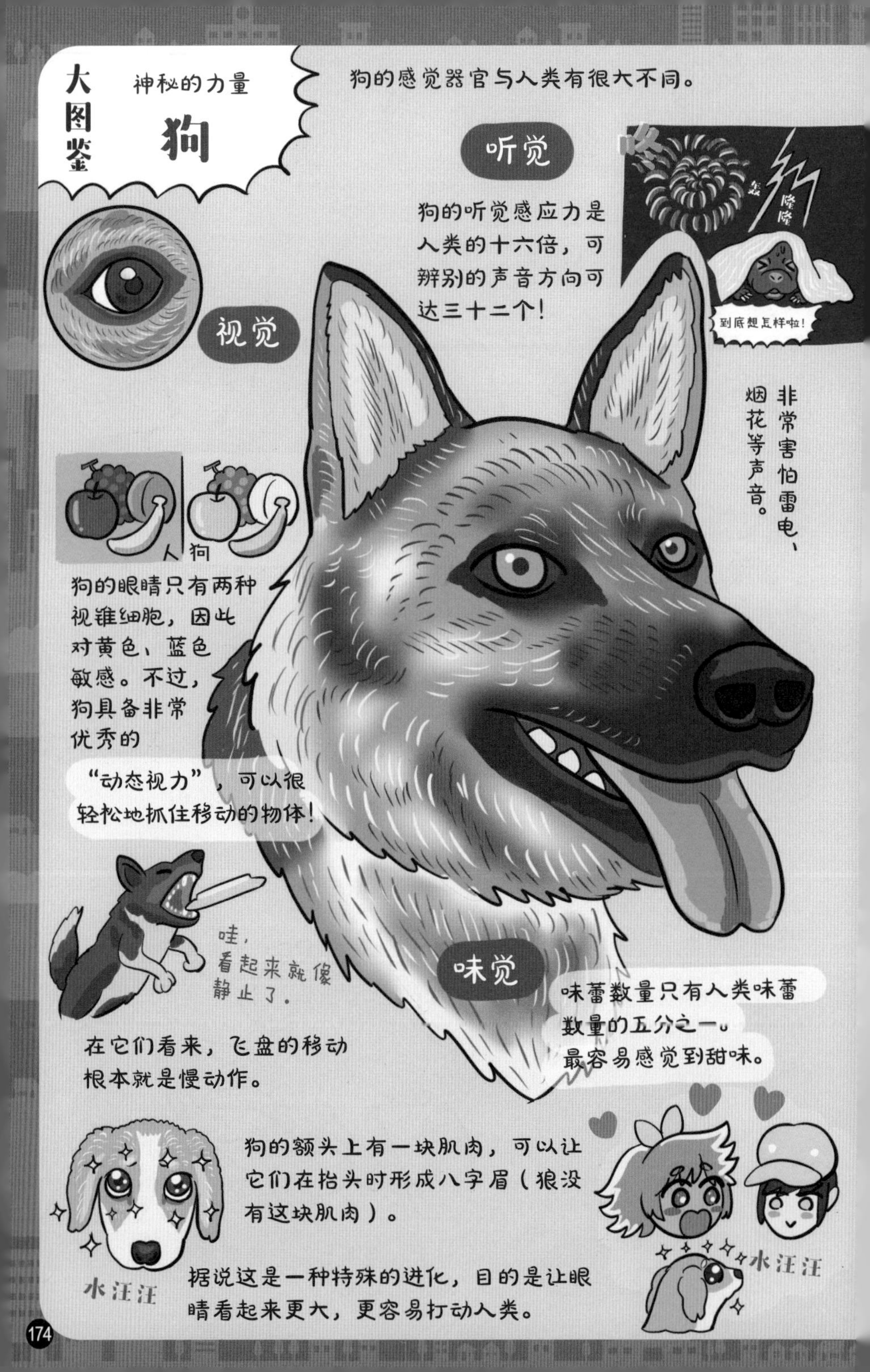
大图鉴
神秘的力量
狗
狗的感觉器官与人类有很大不同。
听觉
狗的听觉感应力是人类的十六倍，可辨别的声音方向可达三十二个！
咚
轰
隆隆
到底想怎样啦！
非常害怕雷电、烟花等声音。
视觉
人
狗
狗的眼睛只有两种视锥细胞，因此对黄色、蓝色敏感。不过，狗具备非常优秀的
“动态视力”，可以很轻松地抓住移动的物体！
哇，看起来就像静止了。
在它们看来，飞盘的移动根本就是慢动作。
味觉
味蕾数量只有人类味蕾数量的五分之一。最容易感觉到甜味。
狗的额头上有一块肌肉，可以让它们在抬头时形成八字眉（狼没有这块肌肉）。
据说这是一种特殊的进化，目的是让眼睛看起来更大，更容易打动人类。
水汪汪
水汪汪

嗅觉的秘密

说起狗最优秀的感觉器官，当然非鼻子莫属。据说狗对气味的灵敏度是人类的几百万倍。

左右两个鼻孔可以捕捉不同的气味。

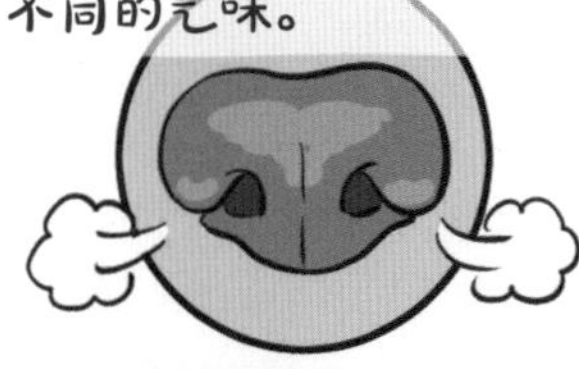

如果是自己不熟悉的味道，就用右侧的鼻孔……

你是谁啦！

如果是自己熟悉的味道，就会使用左侧的鼻孔。

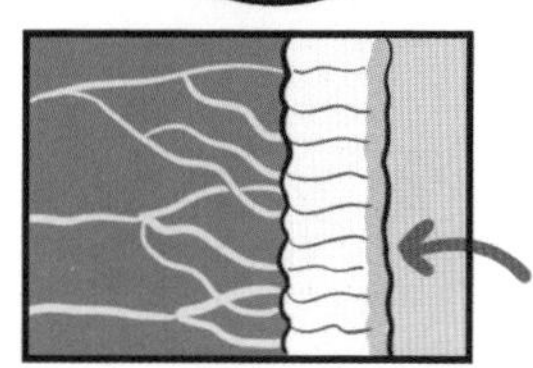

狗的鼻腔黏膜上布满了感知气味的受体，受体数量多达三亿个！

狗的鼻子可以“穿越时空”?!

找到丢失的时间。

这是玛德琳吧。

狗可以通过鼻子“看到”那些用眼睛看不到的东西。其中最不可思议的就是可以“穿越时空”

狗可以通过气味看见“过去”。在某个地方来过哪些人或动物、曾经发生过什么，它们都可以通过气味判断。

狗还可以凭借气味预测未来！
比如在散步时，通过迎面飘来的气味判断从拐角处走来的将会是谁。
它们还能通过空气的气味预测天气。

明天

也许在同一事物面前，狗所得到的信息要远远多于人类。
在这个世界上，眼见不一定为实。狗是人类的好伙伴，那些肉眼不可见的东西就让狗来告诉我们吧。

狗狗还有更多神奇的能力!

狗还有一个比嗅觉更厉害的能力，那就是洞察人类，并产生共鸣。狗对人类情绪的波动十分敏感，当人体内的激素水平发生变化时，狗很快就能用自己敏锐的嗅觉察觉到。

实验人员将饲主在不同情绪状态下（感到压力时/开心时）穿过的衬衫拿给了狗狗……

如果一直闻主人感到压力时所穿的衣服，那么人类的压力就会传给狗狗。

最能体现人类与狗之间羁绊的行为是打哈欠。狼是狗的祖先，在狼的族群里，哈欠是会相互传染的……

狗是为数不多可以在身体上和人类产生共鸣的动物。

狗已经和人类一起携手走过了数千年，它们可以敏锐地感知人类的行为或情感并作出反应，这种能力也许就是悠长的历史岁月对狗狗们的馈赠吧。或许，能够和人类产生共鸣才是狗最强大的本领……

备受喜爱的美味牛牛

牛是一种植食性动物，它的肉质柔软，是人类经常食用的肉类之一。某研究所展开了人造牛肉的实验，世界上第一块“人造汉堡肉”的成本居然将近 5000 万日元。

为什么人们要用那么高的成本来“制造”一块肉呢？其中的缘由还要从人类和牛的关系说起。

分类 哺乳纲 · 牛科

食物 植物

栖息地 全世界

走向未来

牛

一直以来，牛都是人类饮食结构中不可或缺的动物。

过去，牛是养在广阔的大地上的，但是为了满足人们对牛肉日益增长的需求，现代的牛采用了专业的工业化饲养。

这种养殖技术名为“工业化养殖”。

不过，世界总人口预计将在2050年达到97亿。也就是说，人类对可食用肉类的需求量也会相应增加。

2050年
97亿人
拿肉来!

如果那个时候还继续使用今天的养殖技术，人们想吃肉的愿望恐怕难以实现。

饲养牛需要大量的饲料、水和牧场。与此同时，养牛对于环境的破坏也是巨大的。

为了开发牧场，人们会大量砍伐森林。

牛打嗝释放出的甲烷气体，会加速全球变暖。

总之，工业化养殖并非可持续发展的养殖模式。

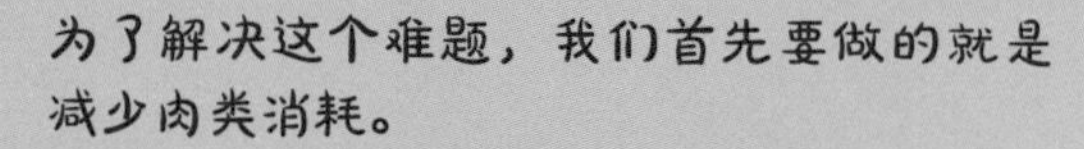

为了解决这个难题，我们首先要做的就是减少肉类消耗。

大豆牛

是用我做的。

（骗人的）

用大豆等植物性蛋白质制作人造肉。

不过，现在更受世人瞩目的是……

通过培养动物细胞生产的培养肉。

培养肉的制作方法

提取牛等家畜的细胞，

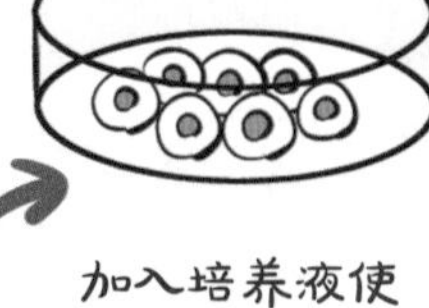

加入培养液使细胞增殖，

制作出块状肉组织！

还做不出特别大的肉块。

目前

1厘米

世界上第一块用培养肉制成的汉堡肉，成本高达25万英镑（约合人民币229万元），简直就是天价。不过，今天的科学家们已经成功将培养肉的生产成本降为原来的三万分之一。

如果肉可以通过培养来生产，那么传统养殖业带来的森林砍伐以及对全球变暖造成的影响就会减少，也不需要继续在狭小的工厂里饲养大量牛了。

你知道吗，肉以前好像是用动物做的。

野生的肉吗……

虽然，培养肉的技术还不够成熟，人造肉还存在很多问题，但也许在不久的将来，会诞生“便宜、好吃、健康，而且对环境和动物友好”的人造肉。

人类和动物的未来会通往何方，将取决于人类如何处理和“肉”以及牛的关系。

不管牛的未来如何发展，牛的魅力永不消逝……

豚鼠 哔哔哔的历史

和人类渊源颇深的可爱老鼠

豚鼠又名天竺鼠，和老鼠同属啮齿动物。然而，天竺鼠并非来自天竺（印度），而是产自南美洲。它们过去生活在山岩中，以草、果实等为食，但目前在野外已经灭绝。它们和人类的渊源可不浅呢。

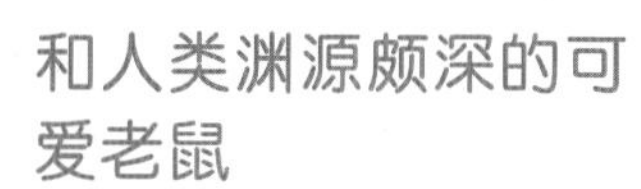

大小 20厘米～40厘米

这就是豚鼠的绝招！

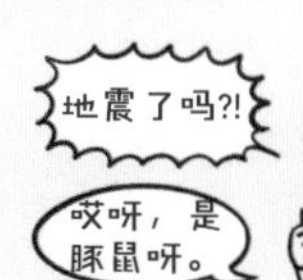

分类 哺乳纲 · 豚鼠科

食物 草、果实等

栖息地 南美洲（原产地）

图鉴 豚鼠

哔哔哔哔！

印加黄金美洲驼

多吃点，不要客气。

啊呜 啊呜

古印第安人将野生豚鼠驯化为家畜，而驯化豚鼠竟然是为了食用（因为很容易饲养）！

西班牙人征服南美洲后，将豚鼠带回了欧洲。16世纪，豚鼠饲养开始在欧洲流行起来。

豚鼠一跃成为欧洲人心目中的宠儿。

后来，豚鼠还被用作动物实验，为医学的发展作出了贡献。

经过多次品种改良，现在，豚鼠已成为深受世界人民喜爱的萌宠。

豚鼠和人类的生活有着密切的联系。
让我们怀着敬畏之心，仔细聆听它那“哔哔哔”的叫声吧。

在大海上翱翔的大鸟

信天翁是一种体形较大的海鸟，它们飞行于海面之上，以鱼、虾等为食。信天翁的雌鸟和雄鸟会共同承担育儿的责任，在人类眼中是举案齐眉的象征。然而通过长期的研究，人们发现了它们的另一面……

大小 80厘米

信天翁是专情的鸟，一旦选定对象，两只鸟就会相守到老。

信天翁伴侣会厮守终生。
但相伴一生的不只是
雄鸟和雌鸟！

分类 鸟纲 · 信天翁科　**食物** 鱼、虾、蟹等　**栖息地** 北太平洋

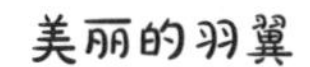

黑背信天翁

黑背信天翁在日本被称作“海上歌姬”。

翼展可达2米！

雄鸟和雌鸟在外观上没有明显差异。

眼睛四周的黑色“眼影”极具特色。

研究发现，生活在夏威夷瓦胡岛的黑背信天翁中，

有三分之一的伴侣是由一对雌鸟组成的！

进入繁殖期后，雌鸟会和雄鸟交配，完成受孕。

一部分受精后的雌鸟并不会与交配的雄鸟相伴一生，而是去找其他雌鸟。

在黑背信天翁的种群中，雌鸟的数量远大于雄鸟，约占总数的60%。

雌鸟共同哺育雏鸟的行为，非常有利于种群的繁衍。
也许，它们的"感情"远比人类想象中复杂……

动物们那些匪夷所思的“情感”……

在人类的固有观念中，一说到“感情”，大家就会联想到男女之间的爱情。所以，在看待动物时，人类也会先入为主地认为“组建家庭的个体一定是雄性和雌性”。

但实际上，很多动物都会选择同性作为同伴。

人类的“情感”和动物的“情感”究竟有多少共通之处，现在还不得而知。

不过，随着研究的深入，希望大家对动物会有更多的了解。

左右人类食物未来命运的蜜蜂

蜜蜂在花丛中飞舞，以花粉和花蜜为食。它们具有高度社会性，蜂群分工明确，蜂王、工蜂各司其职。它们还会结群驱赶胡峰等天敌。

蜜蜂制造的蜂蜜是一种美味的天然甜味剂。

今天，通过饲养蜜蜂获取蜂蜜的养蜂业已成为重要的产业，蜂蜜也深受全世界人民的喜爱。

不过，比起生产蜂蜜，蜜蜂其实有更重要的作用……

大小 5毫米～15毫米

分类 昆虫纲·蜜蜂科　食物 花粉、花蜜　栖息地 全世界

撑起人类餐桌的“搬运工”

蜜蜂

蜜蜂可以通过采集花蜜生产蜂蜜，但在自然界中，它们扮演着更重要的角色——“花粉搬运工”。

植物在繁殖过程中需要授粉，也就是将雄蕊的花粉传到雌蕊的柱头上。想要完成授粉，蜜蜂等昆虫必不可少。

好吃

完全免费，花粉随便吃！

花粉会附着在蜜蜂的绒毛上……

世界上可没有免费的午餐……

多谢款待啦♪

嘻嘻嘻

然后随着蜜蜂的移动传播，最终使植物成功授粉。

像蜜蜂这样的动物被称为“传粉者”。

它们在人类的生活中发挥着十分重要的作用。人类食用的蔬菜、水果在成长过程中大多都离不开传粉者的帮助。

全球约85%的农作物和水果依靠蜜蜂等蜂类授粉。

由蜜蜂等传粉者带来的经济效益高达660000亿日元（约合人民币30871.5亿元）！

然而，蜜蜂身上却出现了一些“异常”……

2006年，在美国发生了大批工蜂“失踪”事件。蜂巢里的蜂王和幼虫也相继死去……自此，“蜂群崩坏症候群（Colony Collapse Disorder，CCD）”在美国全面爆发。

蜜蜂可以帮助植物完成授粉，在整个生态系统中扮演着举足轻重的角色。更重要的是，蜜蜂还是人类丰富饮食生活的“功臣”。将蜜蜂从危机中解救出来，等同于拯救人类自己。

就像蜜蜂一样，对于守护地球环境来说，昆虫至关重要。

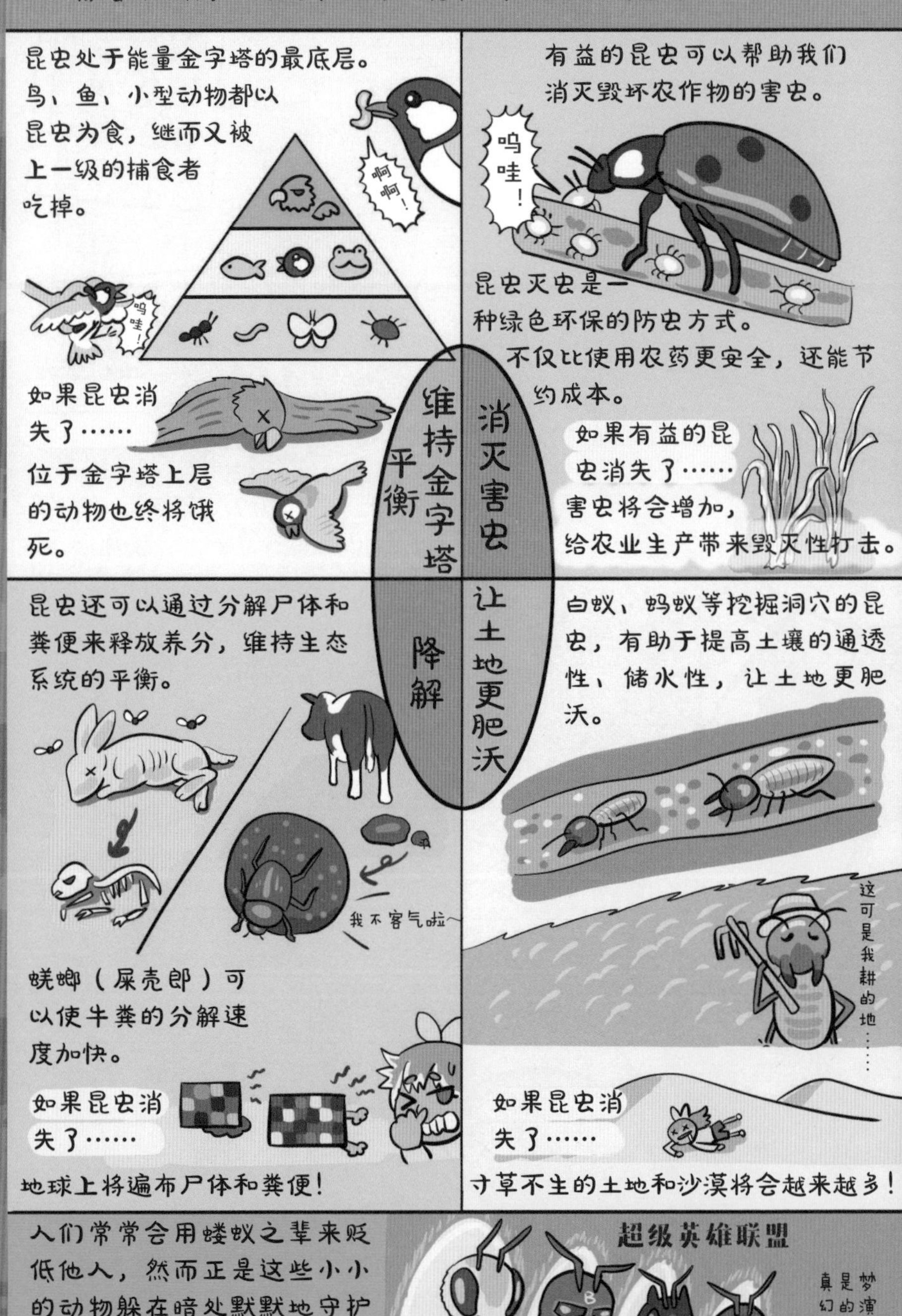

人们常常会用蝼蚁之辈来贬低他人，然而正是这些小小的动物躲在暗处默默地守护着地球，它们才是真正的“英雄”！

超级英雄联盟

真是梦幻的演出……

黑猩猩

嗜血还是仁爱？

与人类最相近的动物，它的真面目是……

黑猩猩和猴子同属灵长类动物，喜欢群居，通常几十只为一个群体在森林中生活。最强壮的雄性会成为群体的首领。它们是杂食性动物，多以野果和其他小动物为食。群体之间有时会因争夺地盘而大打出手。

大小 60厘米～90厘米

甚至曾有黑猩猩群体的成员联合同伴杀害首领！
难道说，黑猩猩天生残暴吗？！

分类 哺乳纲 · 人科　**食物** 植物、其他动物等　**栖息地** 非洲

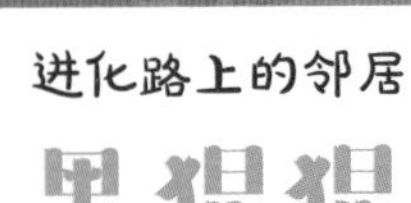

生活在非洲大陆赤道附近的类人猿！

和人类的基因相似度高达98%，是与人类亲缘关系最近的动物。

黑猩猩和人类有很多共同点，智商高，会使用工具。

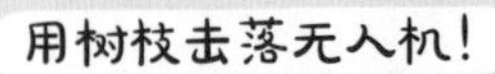

然而，黑猩猩不只有智商……

还很暴力。

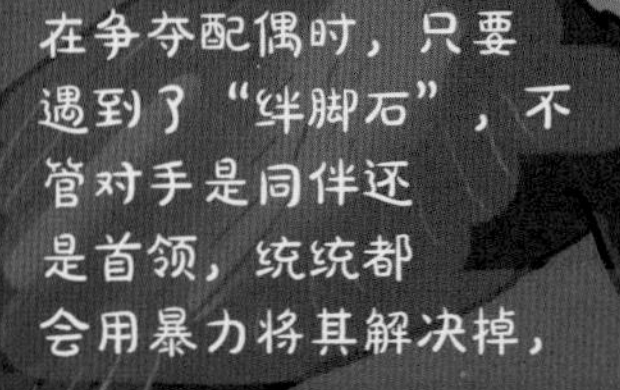

在争夺配偶时，只要遇到了“绊脚石”，不管对手是同伴还是首领，统统都会用暴力将其解决掉，

有时甚至还会因此失去生命！

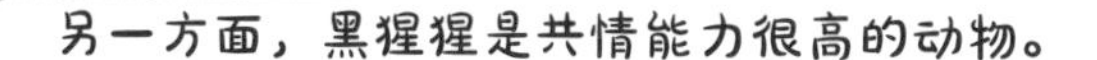

不仅对自己的同伴，它们还会对其他动物“共情”。

和走失的灵猫一起玩耍。

温柔相待，以免伤害到对方。

曾经有人工饲养的黑猩猩，在看到装哭的人类时，会跑来安慰。

但这种共情能力也是残暴的根源。
不管是对“那家伙可真碍眼”的愤怒，还是对“那个人好伤心”的同情，都是因他人而产生的剧烈情绪波动。

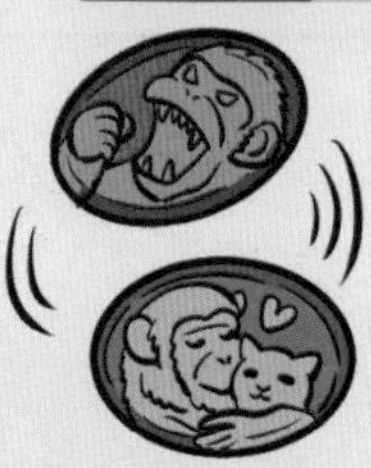

残忍和温柔如同一枚硬币的正反面……

不管是暴力伤害碍眼的同伴，还是对其他动物充满怜爱的“共情”，都是黑猩猩的真实面目。
那么，它们到底是残暴恐怖的动物，还是拥有共情能力的仁爱动物呢？

答案是“两边都是，又都不是”。

黑猩猩会照顾身体有缺陷的同伴！

黑猩猩妈妈生下了一只身体带有严重缺陷的小黑猩猩。

小黑猩猩几乎没什么力气，甚至无法抱紧自己的妈妈，胸部还长有肿瘤。在人们看来，这只小黑猩猩应该很快会在这严酷的自然环境中夭折……

但是，在妈妈和姐姐的无私照料以及其他同伴给予的帮助下，这只小黑猩猩居然在野外环境下存活了很久（相比推测的生存时长）。

这是佐证黑猩猩具有高度共情能力的典型案例。

穿山甲

“潘多拉的盒子”被打开了

虽然拥有坚硬的铠甲……

但却会感染病毒?!

30:51/ 37:15

用坚硬的鳞片守护自己的珍稀哺乳动物

穿山甲会蜷缩身体保护自己，用长长的舌头捕食白蚁，听起来很像犰狳，但它们的进化之路却大不相同。穿山甲有着坚硬的鳞片，有些品种还会在树上生活。

穿山甲身上的鳞片与犀牛的牛角、人类的指甲一样，都是由角蛋白构成的。

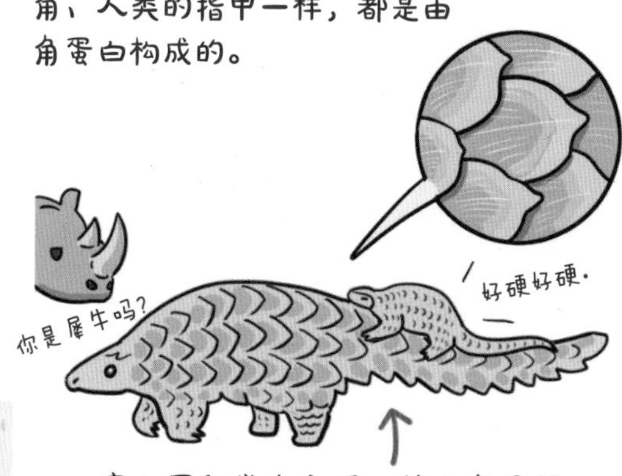

穿山甲幼崽出生后，前六个月都是在母亲的背上度过的。
穿山甲和传染病究竟有什么关系呢?

分类 哺乳纲 · 穿山甲科　食物 白蚁等　栖息地 亚洲、非洲

真相就在铠甲之中

穿山甲

新型冠状病毒席卷全球。曾有研究称，新型冠状病毒的扩散与穿山甲有密切关系。

冠状病毒是一种人类和动物都会感染的病毒。

人们在马来穿山甲的组织中发现的冠状病毒，其基因序列与新型冠状病毒的基因序列相似度高达90%。

有研究指出，新型冠状病毒的自然宿主可能是蝙蝠。

穿山甲是将蝙蝠体内的病毒传播给人类的中间宿主。

穿山甲是全球非法走私数量最多的哺乳动物。在过去的十年时间里，约有100万只穿山甲惨遭杀害……
有的国家将穿山甲的肉视作一种十分高级的食材。

与它的肉相比，穿山甲鳞片的市场需求量更大。

在传统观念中，穿山甲的鳞片被视为一种药材，人们认为其可以治疗哮喘、癌症等多种疾病。

穿山甲栖息在亚洲和非洲，共有八个品种。

美国也存在非法销售穿山甲制品的行为。

还会被走私到欧洲各国。

亚洲

非洲

穿山甲的非法交易至今仍在全球盛行……

因亚洲的穿山甲数量急剧减少，现在走私犯已经将罪恶之手伸向了非洲的穿山甲……

关于新型冠状病毒的起源，现在依然存在很多谜团。虽然目前还没有定论，但由于穿山甲与人类接触的机会越来越多，它们将病毒传染给人类的概率也增大了。

为了保护动物，也为了保护人类自己，全世界的人们必须齐心协力、共同前进。

非洲组织了犯罪防卫部队。

保护穿山甲到底是为了谁?

说起来有点讽刺，新型冠状病毒的蔓延在一定程度上推动了穿山甲保护活动的开展。

保护穿山甲

在中国，约有90%的公民支持全面禁止买卖野生动物。

随着人们保护动物意识的提高，加之对穿山甲传播疾病风险的认知，中国加强了对穿山甲的保护和救助。

中国将穿山甲的野生动物保护等级由原来的二级调整到最高等级（一级）。

同属于一级保护动物的还有熊猫等。

还将穿山甲从传统药材名录《中国药典》中移除。

- ☑ 鱼腥草
- ☒ 穿山甲鳞片
- ☑ 蓝色彼岸花

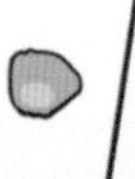

虽然面临的挑战还有很多，但是这些措施是人类迈出保护穿山甲的一大步。

除了偷猎，乱砍滥伐等对自然环境的破坏也会造成动物与人类的密切接触。人类与动物的接触越多，人类感染各种病毒的风险就越大。
因侵占动物家园而造成的传染病大肆流行，也许就是大自然对人类的警告。

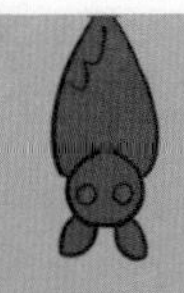

希望人类能够从此刻开始，重新审视和动物之间的关系，和它们保持适当的距离。否则，大自然终将会以人类意想不到的方式给予人类惩罚。

地球上最为繁盛的动物

据推测，全球猫咪的饲养数量已超过五亿只，这个数字在中等体型的哺乳动物中实属惊人。猫擅长跳跃，是敏捷的猎手，从很久以前就是人类的好朋友，与人类建立了密切的关系。

大小 46厘米

毋庸置疑，猫咪这令人惊叹的繁盛离不开人类的作用。

其他猫科动物的数量不断减少，家猫却凭借人类的宠爱获得了难以撼动的地位。
猫咪身上究竟藏着什么秘密呢？

分类 哺乳纲 · 猫科　食物 肉类　栖息地 全世界

大图鉴
“猫”主惯养
家猫
人类和猫在很久以前就建立了十分亲密的关系，让我们从头看起吧。
在大约一万年前的新石器时代，中东地区的人类与猫成为朋友。据说最初进入人类生活的猫是利比亚山猫。至于人类为何会驯化猫咪，目前最有力的说法是为了让猫来抓老鼠。
呜哇！
几千年后，猫在古埃及成为宠儿。
王子的棺木上描画的猫。
快来这边！
古埃及神话中的猫神巴斯泰托女神。
直到今天，人类对猫咪的喜爱也丝毫没有消减……
不管是在现实世界中，还是在虚幻的网络空间里，猫咪所到之处永远赞美不断，简直是无愧的人气王。
点赞！

为什么人们这么喜欢猫呢?
可能是因为猫的脸部和人脸(特别是小孩的脸)有着惊人的相似度。
猫的眼睛非常大,与人眼的大小相似。
猫脸部的构造有着十分绝妙的协调感,正好能戳中人类的心……
真是个乖宝宝。
我已经是阿姨了。
但是,正因为是残忍的猎手,所以猫才长了一张这么可爱的脸。
猫的两只眼睛位于面部前方,这样的构造可以让它们准确地计算出自己与猎物之间的距离,以便更精准地扑向猎物。
喵呜……
在遥远的过去,猫的祖先是十分可怕的肉食性动物,人类的祖先也曾受到它们残忍的捕食。恐怖的捕食者面容在如今猫咪的身上得以延续。
然而,让人不可思议的是,今天让人类沉迷其中的同样还是这张脸……猫真是难以捉摸的动物啊!
吼
吼
吼
吼
吼
好可爱呀!
猫咪勇敢向前冲?!

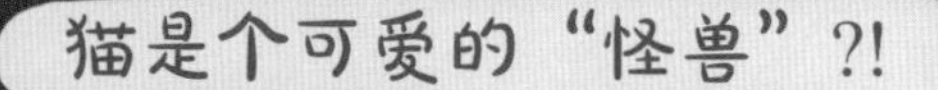

猫是个可爱的“怪兽”?!

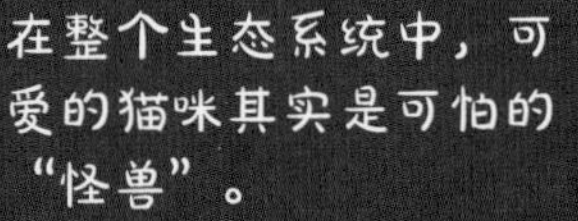

在整个生态系统中，可爱的猫咪其实是可怕的“怪兽”。
现已证实，野猫或散养的猫会大量捕杀野外的小鸟或其他小动物。

调查结果显示，每年约有几十亿只鸟类和几百亿只小动物死于猫的利爪之下。

一般情况下，如果捕食性动物大量捕捉猎物，会造成自身食物的短缺，导致该物种数量的减少。当然，这可以使生态系统维持一定的平衡。
不过，猫凭借人类的喜爱，成功躲过了饥饿的折磨，它们将成为地球上最“无敌”的捕食者。

放养猫咪会给猫带来生命威胁。生活在野外的猫很容易遭遇交通事故等，与室内饲养的猫相比，它们的寿命更短。

为了不让可爱的猫咪变成“怪兽”，同时也为了保护它们的生命，请大家努力做到不放养猫咪。
这也是被世间各种可爱的动物治愈过的人类本应承担的责任。

距离动物审判日还有一周。
小蕨，今天为什么来这里呢？
这里是切尔诺贝利。
真是个安静又略显萧条的地方啊……
我一直想来这里看看……
嗯？我记得切尔诺贝利是……
1986年，切尔诺贝利核电站发生了爆炸……
是发生过人类历史上最严重的核泄漏事故的地方。
啊?! 那我们岂不是很危险?
没事，我用精灵的力量为你们做好防护。
以防万一
受此次事故的影响，核电站周边成为禁区，至今无人居住。
也就是说……这里的动物也都消失了？
死亡或者离开。
一开始大家也是这么想的……
然而，没有人类生活的地方……
如今却变成了各种动物的“乐园”。

就连原本在这个地区很少见的动物也现身了。

猞猁

在日本，同样因核事故而成为禁区的福岛县，某些区域也出现了此类情况。

我们不希望可怕的核事故重演。核泄漏会对动物造成什么样的影响，至今尚不明确。不过有一点可以确定的是……

大自然蕴藏着神秘而强大的自我修复能力，即使遭到破坏，也可以从头再来。

也就是说，就算人类从地球上消失了，动物们也能继续快乐地生活下去……
也许是吧。
它们会慢慢忘记地球上曾有过人类的存在……
而且会比现在自由得多……
小薇……
对了，今天不直播了吗？
……
哎呀，说的是呢。
今天就算了吧。
今天想跟小薇一起静静享受这个场景！
难得这么美的景色，可惜一个观众都没有。
这不是有我和小薇两个人嘛！
三个人才对吧？得把考拉精灵也算上。
哈哈！对不起，把考拉精灵忘记了。
无所谓啦……
哈哈哈
真是的……
飘
考拉精灵……

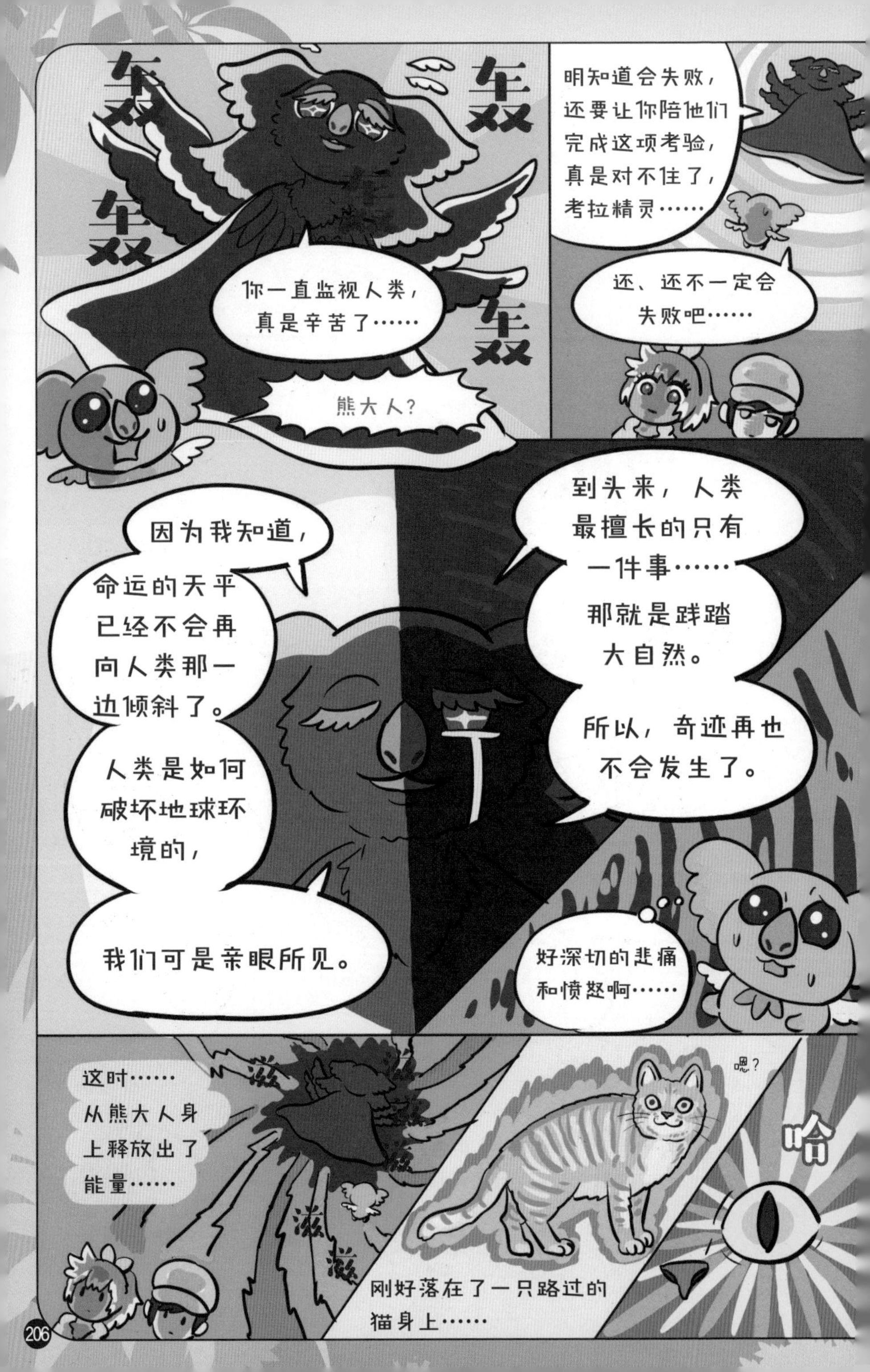

轰
轰
你一直监视人类，真是辛苦了……
轰
轰
熊大人？
明知道会失败，还要让你陪他们完成这项考验，真是对不住了，考拉精灵……
还、还不一定会失败吧……
因为我知道，
命运的天平已经不会再向人类那一边倾斜了。
人类是如何破坏地球环境的，
我们可是亲眼所见。
到头来，人类最擅长的只有一件事……
那就是践踏大自然。
所以，奇迹再也不会发生了。
好深切的悲痛和愤怒啊……
这时……
从熊大人身上释放出了能量……
滋
滋
滋
刚好落在了一只路过的猫身上……
嗯？
哈

喵　呜呜呜
变身巨型大猫!
不会吧!
发生了什么?!
猫居然?!
喵
喵
喵
喵
……
小蕨……
危险!
啊!
喵呜!
推

嗯……呜……
小露？
小露！
太好了……
小薇……
这是
哪里啊?!
惊！
是医院。
你碰到了一只巨型
大猫发出的光束……
你已经昏迷整整一
周了，小露……
还以为再也醒不过来了呢……
猫逃走了吗
一……一周?!
那也就是说……
今天不就是
考验的最后
一天了吗！
距离一亿
次播放量
还有多少？
还有五百万……
五百万?!
现在我们还有
多少时间？
小露不在的话就很难……
还有……
30分钟。

※袋狸的日语“バンディクート”与“万事休す（无计可施）”的发音相似。

这一年来，我们去了很多地方，见了很多动物，我真的非常开心。
但同时，我也看到了动物们的悲惨处境。
也许在未来的某一天，所有的动物都会灭绝……
所以我想，我们把人类从审判的命运中拯救出来，真的是一个正确的选择吗？
人类的归宿是什么呢？
小蕨……你不要……
太多的人类不会对动物
手下留情。
人类真的能保护好动物吗？
或许小蕨说的才是对的……
……可是！

可是，将来是未知的啊。
善待动物的人，比如像小蕨一样的人，说不定会越来越多，不是吗！大家都会改变的，不是吗!!
我也是啊，自从遇到小蕨以后，我就变了！
小露……
因为有小蕨，我选择相信人类。
所以，我不想放弃！
我要继续和小蕨一起去见各种各样的动物！
小露……你真是太任性了。
刚好我也是个任性的人……
让我们坚持到最后一刻吧。
等的就是这句话，我的搭档！

不过，很难完成五百万次播放量吧……难道只能做一些奇怪的事博眼球？
潜入了放冰激凌的冰箱☆
这是负面营销啊！
但，人类马上就要走上审判台了……
绝对不可以！
哎呀呀
真是的……
看来，在剩余时间内达成一亿次播放量是不可能了……
考拉精灵，这段时间你辛苦了。让我来赐予你应得的荣誉吧……
这个是终结考验喇叭。只要吹响它，动物审判日便会拉开帷幕……
喇叭声一响，地球上长期被人类支配的动物们就可以马上从痛苦中解脱了……

熊大人……
您刚才说不可能达成一亿次播放量了，对吧？
……
其实也不是完全没可能，有一个东西播出来绝对会“火”!!
你说什么？
小露、小薇，快来拍我！
啊??
可是，除了我和小露，其他人不是看不到考拉精灵吗？
隐身能力解除，这样就能看到啦。
嗡
哎呀，在手机里能看到了……
考拉精灵，你在干什么？！让其他人类看到你，是违反精灵法则的重罪……
赶紧拍啦，这帮愚蠢的人类！
好啦……开始录吧！
呃，嗯
啊?! 好……
真的可以吗?!

地球上的人类，
我是“审判精灵”！
如果不善待动物、
不善待大自然，你
们知道会发生
什么吗……
现在就让你们看看未
来的幻影！
精灵力量
满格!!
你们给我
好好看着！
这就是……
“动物审判日”！

借助考拉精灵的力量，动物审判日视频被传到了各大网络平台。在幻影中，巨大的动物们对人类展开了报复。

这段极具冲击力的视频立即就在网络上掀起了轩然大波，并迅速在全世界传播开来……

对于这段由神秘生命（考拉精灵）提供的动物审判日视频，观众们的反应各不相同，有的人大为震撼，有的人质疑视频的真伪……

半年后……
哇，比想象中要重！
嗯，好特别的气味……是桉树叶的味道吗……
吸
吸
我要把这个味道刻进鼻腔细胞里……
这样看起来很奇怪啊，小蕨……
哎呀
时间到了。
考拉保护区
考拉抱抱时间仿佛一瞬间就结束了。
因为考拉比较敏感，所以不能抱太久吧。
不过这短暂的一瞬间也够我记一辈子了！
嘿！这次能来澳大利亚真是太好了，不枉我们长途跋涉！
是的！
虽然为攒路费花了不少时间……
虽然之前在接受考验期间上传的视频让我们挣了不少广告费，但是后来都捐赠给动物保护机构了。
是一大笔钱。
这是最好的选择……
之前看过动物审判日视频的人，好像也被删除了那段记忆……
该视频涉嫌违规，已被删除。
太可怕了……
简直是为所欲为嘛！

唉！不过人类好歹算是暂时逃过一劫。
只是暂时，对吧……
好吧……就算你们暂时通过了考验……
按照约定，“只要你们两个人的视频账号总播放量达到一亿次，动物审判日就可以终止”。
暂且不追究过程，但规则确实如此。
但是，最后的视频中，考拉精灵很明显存在违规行为！
……
考拉精灵，你就等着接受严厉的延罚吧……
还有，你们两个也不能说是完全通过了考验！
所以，动物审判日并没有“完全终止”，而是“延期”了。
虽然这次没有审判，但动物们的怒火并没有平息。
总有一天，我们会再次向人类发起考验。
如果不想被审判的话，就赶快让自己“进化”成更优秀的动物吧……
此刻精灵也在注视着人类吗……
一定是……
考拉精灵真的太可惜了……
嗯……

竟然被驱逐出精灵界……
好，好了。
看上去好酷啊……
还不错嘛！
点赞☆
一点都不
好啦！
就是因为和你们这两个
家伙产生了瓜葛，所以
我现在……
失去了精
灵的身
份和力
量……
成了一个莫名其妙的
物种……
那么我们现在是同类了！
我们人类不也是一种
莫名其妙的物种吗？
考拉精灵之所以会那么
做，应该也是赌在这份
“莫名”上了吧。
就算是那样
吧……
今后也请多关照
哦，考拉精灵。
对了！我们要
不要做点考拉
精灵形象的东
西来卖啊?!
说不定
会火呢。
不要得寸进尺
啊，这些人
类……
其他人
已经看
不到
我了。

反正，未来本身就是"莫名"和"未知"的……
今天也去痛痛快快地干一场吧！
正因为是"未知的"……
所以才会想知道更多。
那么在"未知"中可以做些什么呢……
我会一直看着你们的，人类……
所以，小露、小蕨、考拉精灵的"有趣动物频道"要开播了！
"澳大利亚旅行篇"，现在即将开始！
完结

后记

本书的创作契机，实际上可以追溯至约三十五亿年前。当天地还是一片混沌的时候，在地球某处一汪充满化学物质的热汤中，生命诞生了。这是开天辟地的壮举，就如同“猫咪在钢琴上随意踱步，却无意间弹奏了一曲《踩到猫了》，而且旋律分毫不差”一般，是一个完全超乎想象的“奇迹”。

后来，生命经过无数次的失败，逐渐分化出了多姿多彩的生物。而今天，我们似乎已经全然将生命诞生的奇迹抛诸脑后，并且正一步步把其他动物逼向绝境。作为万千生命分枝上“初来乍到”的一个生物——人类（也就是我），为了把同样诞生于奇迹中的各种生物的绝妙之处传达给更多的人，为了让人类社会变得更加美好（哪怕只是一点点），我创作了这本《原来你是这样的动物：动物拯救计划》（以上算是本书的由来吧）。人类和动物已经携手走过了十分漫长的岁月，而未来该如何书写，一切都掌握在耐心读完本书且热爱万物的大家手中。

最后，我要对和我一起完成这本超令人兴奋的图鉴的各位编辑、设计师，对给我提供帮助和创作图书灵感的翠鸟大人（一只美丽的鸟），对支持我的家人和朋友以及已经去往另一个世界的朋友桃子女士（我坚信，她一定也会喜欢这本奇妙的图鉴）致以诚挚的谢意！当然，最要感谢的还是各位亲爱的读者！三十五亿年份的超级感谢，献给大家！

参考书目

《鸭嘴兽博物志？神奇哺乳动物的进化与发现故事　生物之谜》[日]浅原正和（日本技术评论社）/《动物的语言》[荷]伊娃·梅耶尔（日文版由日本柏书房出版）/《“毛茸茸”的逻辑：动物生活中的物理学》[英]马丁·杜拉尼（日文版由日本intershift出版社出版）/《最新跳鼠养育大全（食·住·生活·医疗）（宠物养育指南系列）》[日]藤木聡子、铃木由佳（日本诚文堂新光社出版）/《鼠岛：天堂中的捕食者&野生动物大营救》[美] 威廉·斯托尔岑堡（日文版由日本文艺春秋出版）/《25克的幸福，就像一只小刺猬可以改变你的生活》[意] 安东内拉·托马塞利、马西莫·瓦切塔（日文版由哈珀柯林斯出版社·日本出版）/《了不起的生物：解决问题的惊人进化》[美]马特·西蒙、弗拉基米尔·斯坦科维奇（日文版由日本intershift出版社出版）/《与狼同行：狼的隐秘生活》[美]吉姆·达彻、杰米·达彻(日文版由日本X-Knowledge出版社出版）/《狼的行为、生态、神话》[德]埃里克齐门（日文版由日本白水社出版）/《狼的智慧：我的25年荒野观狼之旅》[德] 埃莉·H.拉丁格（日文版由日本筑地书馆出版）/《没有捕食者的世界》[美] 威廉·斯托尔岑伯格（日文版由日本文艺春秋出版）/《追踪鳗鱼一亿年之谜(科学纪实文学)》[日]塚本胜巳（日本学研plus出版）/《关于我们是否可以吃鳗鱼》[日]海部健三（日本岩波书店出版）/《世界鲨鱼图鉴》[英]史蒂夫·帕克（日文版由日本NEKO PUBLISHING出版）/图册《海洋猎手展》/《我们制造的垃圾》[美] 米歇尔·洛德、茱莉亚·布拉特曼（日文版由日本小学馆出版）/《无塑料生活》[加] 尚塔尔·普拉蒙登、杰伊·辛哈（日文版由日本NHK出版社出版）/《挑战摆脱塑料　可持续发展的地球和世界商业潮流》[日]坚达京子（日本山与社出版）/《海洋塑料　垃圾永恒的终点》[日]保坂直纪（日本KADOKAWA出版）/《大型哺乳动物展2》/《了解狗的能力和优秀才能，正确地与之交往》(国家地理副刊)/《成为一只狗：跟随狗进入嗅觉世界》[美] 亚历山德拉·霍洛维茨（日文版由日本白杨社出版）/《人造肉：即将改变人类饮食和全球经济的新产业》[美] 保罗·夏皮罗（日文版由日本日经BP出版）/《答案不止一个　动物如何育儿》[日]长古川真理子（日本东京大学出版会出版）/《最后的拥抱：动物与人类的情绪》[荷] 弗朗斯·德瓦尔（日文版由日本纪伊国屋书店出版）/《人类吸猫小史》[英]艾比盖尔·塔克（日文版由日本intershift出版社出版）/《流浪猫战争：萌宠杀手的生态影响(自然文库)》[美]彼得·P.马拉、克里斯·桑泰拉（日文版由日本白水社出版）/《国家地理（日文版）》2005年6月刊/2013年9月刊/2015年2月刊/2015年5月刊/2018年6月刊/2019年2月刊/2019年5月刊/2019年6月刊/2019年10月刊/2020年5月刊/2020年10月刊/2021年5月刊/《DK博物大百科——自然界的视觉盛宴》英国DK公司（日文版由日本东京书籍出版）/《学研图鉴LIVE 动物》[日]今泉忠明（监修）（日本学研plus出版）/《学研图鉴LIVE 鱼》[日]本村浩之（监修）（日本学研plus出版）/《动物的快乐王国》[美] 乔纳森·巴尔康姆伯（日文版由日本intershift出版）/图册《大地上的猎手展》/《负重的野兽们：动物的解放和残疾人的解放》[美]苏纳拉·泰勒（日文版由日本洛北出版社出版）

视频资料

《燃烧的地球》/《野外生存故事 在大自然中活下去》/《华丽的“出头者”》/《大裂谷 东非的心跳》/《小小的世界》/《动物 自然界中的实力选手》/《蓝色星球》/《鲸鱼与海洋生物的社会》

索引

噢
噢噢噢

丁零

图书在版编目（CIP）数据

原来你是这样的动物：动物拯救计划 /（日）沼笠航著；冯利敏译. -- 海口：南海出版公司，2024. 11.
(奇妙图书馆). -- ISBN 978-7-5735-0831-7

Ⅰ. Q95-49

中国国家版本馆CIP数据核字第2024044F67号

著作权合同登记号 图字：30-2024-157
TITLE：［ぬまがさワタリのゆかいないきもの超図鑑］

YUANLAI NI SHI ZHEYANG DE DONGWU：DONGWU ZHENGJIU JIHUA
原来你是这样的动物：动物拯救计划

策划制作：北京书锦缘咨询有限公司
总 策 划：陈 庆
策　　划：李 伟

作　　者：［日］沼笠航
译　　者：冯利敏
责任编辑：张 媛
排版设计：刘岩松
出版发行：南海出版公司 电话：（0898）66568511（出版）（0898）65350227（发行）
社　　址：海南省海口市海秀中路51号星华大厦五楼 邮编：570206
电子信箱：nhpublishing@163.com
经　　销：新华书店
印　　刷：北京美图印务有限公司
开　　本：889毫米 × 1194毫米 1/32
印　　张：7
字　　数：317千
版　　次：2024年11月第1版 2024年11月第1次印刷
书　　号：ISBN 978-7-5735-0831-7
定　　价：68.00元